Dagmar Schulz

Existenzgründung 45plus

Impressum

Softcover 978-3-347-60437-7

E-Book 978-3-347-60438-4

2. Auflage 2022

Umschlaggestaltung und Grafiken: Shakir Azizi

Layout und Lektorat: Britta Tüsfeld

Illustrationen: Daniel Jennewein

Portraitfoto: Shakir Azizi

INHALTSVERZEICHNIS

MEIN VORWORT AN SIE

Sie möchten sich selbstständig machen und erfolgreich werden? Herzlichen Glückwunsch – mit diesem Buch halten Sie bereits den Schlüssel zu Wohlstand und Glück in Ihren Händen! Nun ja, ganz so einfach ist es natürlich nicht. Aber komplett unwahrscheinlich ist es auch nicht – wenn Sie es richtig angehen. Wie genau das geht, erfahren Sie auf den folgenden Seiten.

Noch ein kleiner, aber wichtiger Hinweis vorab: Wenn in diesem Buch die Rede von Gründern (in der männlichen Form) ist, spreche ich damit sowohl weibliche als auch männliche Gründer an und umgekehrt. Jedes Mal beide Varianten auszuschreiben, stört meiner Ansicht nach den Lesefluss und ich möchte, dass Sie Freude beim Lesen haben. Fühlen Sie sich also bitte in jedem Fall angesprochen und keinesfalls ausgeschlossen.

Jetzt wollen Sie aber sicher unbedingt starten!
Kurze Frage: Haben Sie schon mal gedacht „Gründen sollte man vielleicht nur, wenn man noch jung ist, oder?“ ... Dann antworte ich mit einem klaren Nein! Denn die Gründerwelt besteht entgegen der allgemeinen Auffassung eher aus Menschen mit Erfahrung, also nicht aus Berufsanfängern oder Studenten, sondern aus Gründern, die eine gewisse Berufs- und Lebenserfahrung mitbringen. Auch meine Mandanten stammen zum Großteil genau aus diesem Umfeld. Sollten Sie also um die 45 Jahre jung oder älter sein, liegen Sie quasi voll im Trend. Warum ist das so? Viele ältere Gründer entscheiden sich für eine Selbstständigkeit, weil sie anders leben wollen – nicht unbedingt (aber auch) getrieben von bestehender oder drohender Arbeitslosigkeit. Endlich raus aus der Anstellung, aus Zwang und engen Strukturen, das ist für viele ältere Gründer eher der Beweggrund.

Ist Ihnen bewusst, dass Sie, wenn Sie sich erst später in Ihrem Leben zu einer Selbstständigkeit entschließen, viele nicht unwesentliche Vorteile gegenüber jungen Existenzgründern mitbringen? Dieser Vorsprung an Erfahrung und Wissen erspart Ihnen u. U. viel Zeit, Nerven und Konflikte – wenn Sie Ihre Trümpfe kennen und richtig ausspielen. Ich zeige Ihnen, welche „Asse" Sie dank Ihrer Lebenserfahrung im Ärmel haben und an welcher Stelle es vielleicht gilt, als älterer Gründer Vorsicht walten zu lassen. Auch auf die besonderen Anforderungen an weibliche Gründerinnen (Stichwort Vereinbarkeit von Familie und Beruf) gehe ich an der einen oder anderen Stelle gesondert ein.

Natürlich kann man in jedem Alter ein guter Unternehmer werden. Die meisten Punkte in diesem Buch sind daher eine Hilfe für Gründerinnen und Gründer jeden Alters und jeder Branche, egal ob sie direkt von der Uni aus starten oder schon einige Jahre als Angestellte gearbeitet haben. Aus jahrelanger Erfahrung als Existenzgründungsberaterin mit beruflichem Background im Finanzwesen und Marketing weiß ich, dass jede Gründung, unabhängig vom Gründer, vor allem dann langfristig von Erfolg gekrönt ist, wenn sie frühzeitig geplant und gut vorbereit ist. Und genau damit habe ich Ihnen den wahren Schlüssel zu unternehmerischem Erfolg und Zufriedenheit genannt: eine gründliche Vorbereitung! Im Grunde ist es ganz einfach: Tun Sie die richtigen Schritte in der richtigen Reihenfolge zur richtigen Zeit. Hört sich kompliziert und nach viel Arbeit an? Ich verspreche Ihnen: Wenn Sie Ihre Gründung Schritt für Schritt angehen, werden aus dem vermeintlich hohen Aufgaben-Berg kleine Bodenschwellen, an deren Überwindung Sie als Unternehmer wachsen und die Ihnen viel Selbstbewusstsein geben werden – egal, ob Sie in jungen Jahren gründen oder mitten im Leben stehen.

Sie erhalten in diesem Buch eine konkrete Anleitung, wie Sie ein Gründungsvorhaben in der richtigen Reihenfolge planen und einen ausgefeilten Businessplan konzipieren. Ein solider Businessplan ist unerlässlich – nicht nur, wenn Sie Fördergelder beantragen oder die Zusage für eine Finanzierung erhalten möchten. Er begleitet Sie vor allem durch die spannende Startphase, oft jedoch weit darüber hinaus. Weiterhin soll Ihnen dieser Gründungsratgeber helfen, Dinge zu vermeiden, die Sie in keinem Fall tun sollten. Lernen Sie von den Erfahrungen anderer Gründer, denn Sie müssen nicht alle Fehler selbst machen. Ich möchte Sie mit meinem Wissen aus jahrelanger Begleitung von Gründern nicht nur umfassend informieren und Sie optimal auf Ihre Selbstständigkeit vorbereiten, sondern Ihnen Sicherheit vermitteln in dem, was Sie tun. Zwar kann ich Ihnen die Angst vor Fehlern und dem Scheitern nicht ganz nehmen, aber ich kann Ihnen Mut machen, auch mal Risiken einzugehen und aus Konflikten zu lernen. Wenn Sie nach dem Lesen dieses Buches für sich entscheiden, dass eine Selbstständigkeit doch nicht das Richtige ist – auch gut. Denn dann ersparen Sie sich vielleicht einige schwierige Monate und Jahre. Nicht jeder sollte sich zu jeder Zeit mit jedem Angebot selbstständig machen. Außer einer soliden Vorbereitung und einem guten Produkt bzw. Dienstleistung gehören auch eine gewisse Portion Glück, Können, Persönlichkeit und ein wenig Mut dazu.

Wenn Sie nach dem Lesen des Buches denken: Ja! Genau das will ich und ich möchte direkt loslegen – dann gratuliere ich Ihnen herzlich zu Ihrer Entscheidung. Sicher kann dieses Buch zum Gelingen Ihres Traums beitragen, denn ich habe über die Jahre viele Existenzgründer in eine erfolgreiche Selbstständigkeit begleiten dürfen. Diese positiven und motivierenden Erfahrungen haben mich dazu bewogen, dieses Buch zu schreiben und aufzuklären, dass es nie zu spät für den Schritt in die Selbstständigkeit ist. Mich würde es sehr freuen, wenn Sie mithilfe meines Ratgebers Ihren persönlichen Erfolgsweg finden und nach dem Lesen etwas deutlicher erkennen, wo es für Sie hingehen soll.

> ***„Wer nicht weiß, wohin er will, muss sich nicht wundern, wenn er nirgendwo ankommt!“ Mark Twain***

Eine eigene gründliche Vorbereitung und individuelle, persönliche Expertenberatung kann dieser Ratgeber allerdings nicht ersetzen, dafür sind Gründungen und Gründer zu unterschiedlich. Ich möchte Ihnen mit diesem Buch in erster Linie einen Überblick über wichtige Belange und Fragen zum Thema Selbstständigkeit an die Hand geben. Was ich vermitteln möchte ist, dass es jeder schaffen kann, wenn er die richtige Strategie und Planung hat. Ja, eine Gründung ist mit einigen Anstrengungen verbunden, hält aber auch fit – und macht/hält jung, vor allem im Kopf. Ich freue mich, Ihnen die eine oder andere neue Perspektive auf die berufliche Selbstständigkeit geben zu können. Denn: Der Kopf ist rund, um die Denkrichtung ändern zu können!

Ich wünsche Ihnen viel Freude und Inspiration beim Lesen und Pläne schmieden.

Herzlichst
Ihre

K 1 ÜBER DIE AUTORIN

> *„Geht nicht da entlang, wo der Weg Dich lang führt. Gehe da entlang, wo kein Weg ist, und hinterlasse Spuren.“*
> *Muriel Strode*

Dagmar Schulz (Jahrgang 1970) ist aus ganzem Herzen Düsseldorferin und seit 2009 selbstständige Unternehmens- und Existenzgründungsberaterin.

Bereits 2002 hat sie ihr erstes Unternehmen und Joint Venture gegründet und dessen bundesweiten Vertrieb mit aufgebaut.

Die ausgebildete Bankkauffrau, Sparkassenbetriebswirtin, Psychologischer Businesscoach und Social Media Manager ist quasi in der Bank groß geworden und war bis zu ihrem beruflichen Neuanfang im Finanzwesen tätig. Ihre Aufgaben, Funktionen und Positionen waren vielfältig, u. a. sammelte sie umfassende Erfahrungen in den Bereichen Vertrieb, Marketing, Finanzierung, Akquisition, internationales Projektmanagement sowie Coaching. Alles Kenntnisse, die sie heute optimal in ihre Beratung angehender Gründer einfließen lassen kann.

Mit 38 kündigte sie ihre sichere Anstellung, um zu neuen Ufern aufzubrechen. Welche das genau sein konnten, wusste sie da noch nicht: „Ich wusste einfach, dass es beruflich mehr geben muss. Dass ich selbstständig und nicht für andere arbeiten möchte. Ich wollte nicht mehr nur leben, um zu arbeiten und etwas machen, was mich wirklich erfüllt. Und ich war mir sicher, dass sich immer eine neue Tür öffnet, wenn eine andere sich schließt."

Dagmar Schulz tat das, was sie auch angehenden Gründern heute noch rät. Sie schrieb Notizen auf Zettel: Was kann ich besonders gut? Was möchte ich gerne die nächsten Jahre tun? Woran habe ich Spaß? Was macht mich auf Dauer zufrieden oder sogar glücklich? Was möchte ich hingegen nicht mehr beruflich machen? Was hat mich bisher gestört? Was hat gefehlt?

Irgendwann stand die Entscheidung fest und 1a-STARTUP wurde gegründet. Dagmar Schulz teilte damals die Gedanken, die viele von Ihnen sicher auch haben: Sollte ich in meinem Alter nochmal neu starten und ein Unternehmen gründen? Werde ich erfolgreich sein? Werde ich als Frau (in der Branche bzw. als Unternehmerin) ernst genommen? Heute kann sie alle Fragen klar mit Ja beantworten. Ja, man kann in jedem Alter noch einmal etwas Neues auf die Beine stellen und in die berufliche Selbstständigkeit starten.

Inzwischen ist Dagmar Schulz eine gefragte Expertin zum Thema Existenzgründung, u. a. war sie in der Sendung „Hart aber fair" im WDR mit Frank Plasberg zu Gast und Interviewgast im Instagram-Karrierepodcast „karriereguide". Sie hat zudem an verschiedenen Studien des RKW-Kompetenzzentrums (Rationalisierungs- und Innovationszentrum der Deutschen Wirtschaft e. V.) zum Thema Senior Entrepreneurship mitgearbeitet und ist Teil des RKW-Expertenkreises, daher weiß sie aus erster Hand:

Die meisten Gründer sind 40 Jahre oder älter, sie bilden keine Ausnahme, sondern die Regel. Viele Kunden schätzen es sehr, jemanden mit etwas mehr Lebenserfahrung vor sich zu haben. Sich erst etwas später im Leben selbstständig zu machen, hat also durchaus viele Vorteile.

Kann eine Selbstständigkeit erfolgreich sein? Ja, mit der richtigen Planung, Reihenfolge und den richtigen Entscheidungen kann eine Existenzgründung sehr erfolgreich werden. Auch als Unternehmerin? Natürlich, wenn Frau kompetent ist, wird sie als Unternehmerin ebenso wie ihre männlichen Kollegen sowohl von weiblichen als auch männlichen Kunden gleich ernst genommen. Klarer Beweis dafür: Etwa die Hälfte aller 1a-STARTUP-Kunden sind männlich. Trotzdem liegen Dagmar Schulz auch besonders die weiblichen Gründerinnen am Herzen, sie ist unter anderem Initiatorin des Düsseldorfer Unternehmerinnenpreises. Als sie selbst zur Unternehmerin wurde, gab es nur wenige Möglichkeiten zum Erfahrungsaustausch mit Gleichgesinnten, das hat sich – auch dank ihres Engagements, mittlerweile positiv verändert.

Und was ist mit Corona? Macht eine Gründung gerade jetzt Sinn? Ja! Denn nie war mehr Anfang als jetzt. Gerade in Zeiten von Corona möchten sich viele Menschen selbstständig machen – warum das ein sinnvoller Schritt ist, wird in Kapitel 4 in diesem Buch ausführlich beleuchtet. Mit der richtigen Planung, Vorbereitung und professioneller Beratung kann aus der vermeintlichen Krise eine echte Chance für einen beruflichen Neuanfang werden.

Warum dieses Buch? Der Grund, diesen Ratgeber zu schreiben, ist nicht zuletzt die eigene Erfahrung. Dagmar Schulz hat all die Phasen, vor denen Sie jetzt vielleicht stehen, selbst durchgemacht und erfolgreich gemeistert. Sie hat schon viele Gründer auf ihrem Weg in die berufliche Selbstständigkeit begleitet und weiß aufgrund Ihrer Erfahrung und beruflichem Background, worauf es bei einer Gründung ankommt. Ihre Kunden profitieren außerdem von ihrem umfangreichen nationalen sowie internationalen Netzwerk. Die meisten Gründer halten nach dem erfolgreichen Geschäftsstart den Kontakt zu 1a-STARTUP und tauschen sich auch untereinander aus.

K 2 ZAHLEN, DATEN, FAKTEN – THEORIE UND PRAXIS

2.1 DEMOGRAPHISCHER WANDEL UND ERWERBSTÄTIGKEIT IN DEUTSCHLAND

Die Deutschen werden immer älter und bleiben länger gesund als früher. Während wir aktuell im Durchschnitt 80 Jahre alt werden, könnte das Durchschnittsalter in den nächsten 30 Jahren sogar auf 85 Jahre steigen. Parallel zur steigenden Lebenserwartung sinkt die Geburtenrate seit Jahren, was dazu führt, dass die Deutschen allgemein immer älter werden. So wird etwa die Altersgruppe 60plus in den nächsten Jahrzehnten kontinuierlich wachsen, was auch Einfluss auf die allgemeine Beschäftigungssituation in Deutschland haben wird. Junge Arbeitnehmer und Selbstständige bis 30 Jahre sind weit in der Minderheit mit nicht einmal 20 %.

Das bedeutet konkret: Immer mehr Menschen müssen oder wollen auch in einem Alter weiterarbeiten, in dem die meisten noch vor einigen Jahren sehnsüchtig auf den Eintritt in die Rente gewartet haben. Laut einer Studie ist Deutschland damit Spitzenreiter innerhalb der EU – nirgendwo sonst arbeiten so viele ältere Menschen so lange wie bei uns. Der demographische Wandel sowie der Mangel an Fachkräften oder qualifiziertem Personal wird in Zukunft neue Anforderungen an Firmen, aber auch an die Generation 45plus, stellen. Alter und Struktur der Bevölkerung ändern sich in immer schnellerem Tempo, was dazu führt, dass immer mehr Menschen immer länger arbeiten müssen, bis sie sich zur Ruhe setzen können. Welcher Weg ist der richtige? Angestelltenverhältnis oder Selbstständigkeit? Die Zahl der Arbeitsjahre steigt, weshalb sich ein Wechsel mit 40 oder 45 Jahren in eine selbstständige Tätigkeit heutzutage mehr denn je lohnt – zeitlich und finanziell.

2.2 GRÜNDUNGSGESCHEHEN IN DEUTSCHLAND IN DEN LETZTEN JAHREN

Nachdem die Anzahl der Existenzgründungen einige Jahre lang abgenommen hat – was z. T. mit dem Wegfall einiger wichtiger Fördergelder für Gründung und Beratung sowie einem Wandel auf dem Arbeitsmarkt zu tun hat – sind die Zahlen nun weitestgehend konstant oder steigen trotz der Corona Pandemie sogar an. Laut KFW Gründungsmonitor von 2021 wurden im Jahr 2020 537.000 Existenzgründungen angemeldet. Das IfM Bonn (Institut für Mittelstandsforschung) rechnet auch für die kommenden Jahre mit einer insgesamt leicht ansteigenden Tendenz im Gründungsgeschehen.

Im Gegensatz zu Gründungen im gewerblichen Bereich, die stetig abnehmen, wächst der Sektor der freien Berufe sowie Existenzgründungen im land- und forstwirtschaftlichen Bereich von Jahr zu Jahr. Ebenfalls eine deutliche Tendenz ist das wachsende Gründungsinteresse von Menschen 45+.

2.3 WER SIND DIE ÄLTEREN GRÜNDERINNEN UND GRÜNDER?

> *„Es macht Spaß, das Unmögliche zu tun."*
> *Walt Disney*

Der Anteil der Gründer 45plus macht einen Anteil von etwa einem Viertel aus, der Trend ist steigend (Studie des RKW Kompetenzzentrum von 2018 „Gründerinnen und Gründer 45plus: Senior Entrepreneure folgen dem Trend"). Das liegt nicht nur am demographischen Wandel und den geänderten Erfordernissen des Arbeitsmarktes, sondern auch daran, dass die heutigen 45-, 50- und 55-Jährigen nicht nur jünger aussehen als ihre Altersgenossen vor noch wenigen Jahren. Sie sind auch häufig um ein Vielfaches gesünder, leistungsfähiger und voller Energie. Das ist auch der Grund, warum Ältere in der Regel fit genug sind, sich auf das „Abenteuer Selbstständigkeit" einzulassen.

Was bedeutet Selbstständigkeit für Sie persönlich? (Wirtschaftlicher) Erfolg, (finanzielle) Unabhängigkeit, Sicherung des Lebensstandards, glücklich werden mit dem „Traumjob"? Was sind Ihre Gründe, über eine Existenzgründung nachzudenken?

Die Gründungsmotive von Gründern 45plus weichen in Teilbereichen von den „Jüngeren" ab, vielleicht erkennen Sie sich in dem einen oder anderen Punkt wieder:

Sein „eigener Herr" und unabhängig sein

Dieser Beweggrund steht als Motiv ganz oben bei älteren Gründerinnen und Gründern (Befragung durch RKW Rationalisierungs- und Innovationszentrum der Deutschen Wirtschaft e. V. 2014). Dies spielt auch eine Rolle, wenn der gesamte Betrieb verjüngt wird und es zu Konflikten zwischen den Generationen kommt. Hier spielt auch die Beendigung der beruflichen Frustration eine Rolle.

Erfahrung und Wissen weitergeben

Besonders für Ältere ist das ein guter Grund, der für Jüngere kaum eine Rolle spielt: Erfahrungen weitergeben und berufliches Wissen nicht brachliegen zu lassen. Nicht ungewöhnlich ist auch, dass Ältere sich als soziale Unternehmer engagieren und dabei mit einer Gründung auch gesellschaftliche und soziale Ziele, nicht nur wirtschaftliche, verfolgen.

Konkrete eigene Geschäftsidee umsetzen

Ein weiteres Motiv ist auch, endlich die Chance zu ergreifen und einen lang gehegten Traum zu verwirklichen, eine seit langem ausgedachte Geschäftsidee in die Tat umzusetzen, eigene neue Ziele anzustreben und einen neuen Lebensabschnitt zu realisieren. Der Dienstleistungsbereich scheint hier für viele Ältere eine beliebte Branche zu sein, in der tatsächlich auch gegründet wird. Häufig sind diese bei den freiberuflichen, wissenschaftlichen und technischen Dienstleistungen zu finden. Ein weiterer größerer Anteil hierunter entfällt auf Gründungen in Bereichen, die mit Beratung zu tun haben. Weiterhin stehen kreative Tätigkeiten, z. B. im Marketing, Architektur- oder Ingenieurwesen, hoch im Kommen.

Qualität anbieten

Älteren Gründern ist es besonders wichtig, ein hochwertiges Produkt bzw. eine professionelle Dienstleistung anzubieten. Diesen Blick für den „Wert“ von fachlichem Know-how hat das Zentrum für Europäische Wirtschaftsforschung (ZEW) bereits 2010 auch bei älteren High-Tech-Gründern festgestellt (Studie: Hightech-Gründungen in Deutschland. Zum Mythos des jungen High-Tech-Gründers). Im Vergleich dazu setzen jüngere Gründerinnen und Gründer eher auf die Bewerbung und das Design ihres Produktes. Böse Zungen behaupten, es sei „mehr Schein als Sein“.

Selbstverwirklichung

Die eigene Selbstständigkeit ist für viele langjährige Angestellte, da spielt das Alter kaum eine Rolle, eine neue berufliche Herausforderung. Die Zeit, die dann mit dem „Ruhestand“ kommt, kann dafür ideal genutzt werden, endlich etwas Eigenes zu starten. Besonders diejenigen Älteren mit guter bis sehr guter fachlicher Qualifikation in Verbindung mit einem hohen Bildungsgrad haben gute Chancen auf Erfolg. Insbesondere Frauen mittleren Alters zählen auch dazu, die in ihrer aktuellen Arbeitssituation keine weiteren Aufstiegschancen bzw. gar keine sehen und daher den Weg in die Selbstständigkeit wählen.

Erfolgserlebnisse

Wann wurden Sie zuletzt in Ihrem Job gelobt? Genau diese Antwort kann sich zum Positiven wandeln, wenn man das tut, wofür man „brennt“. Dabei kommen die Erfolgserlebnisse und die Bestätigung dann fast von ganz alleine. Als Selbstständiger hat man direkten Einfluss auf die Wertschätzung und Anerkennung seiner Kunden, durch erstklassige Produkte bzw. Service und eigene Leistung. Wenn man seine Arbeit gut macht, bekommt man oft, wenn nicht sogar jeden Tag, positive Bestätigung und geht zufrieden nach Hause.

Einkommen oder Rente aufbessern

Ein nicht ganz so schöner Grund, aber nicht unüblich. (Ehemals) arbeitslose Gründer/Wiedereinsteiger haben durch das (zeitweilige) Ausscheiden aus dem Arbeitsleben oftmals nur sehr geringe Rentenansprüche, die kaum zum Leben ausreichen. Die Selbstständigkeit trägt auch dazu bei, Einkünfte als Brücke bis zur Rente zu erzielen bzw. für Rentenbezieher als Dazuverdienst.

Ausweg aus (drohender) Arbeitslosigkeit

Ein weiterer, fast schon „normaler“ Grund ist die fehlende Möglichkeit, am Arbeitsmarkt (wieder) Fuß zu fassen. Für Ältere, die länger arbeitslos waren und keine Chance auf dem Beschäftigungsmarkt haben, ist das eine Chance, ins Arbeitsleben zurückzukehren und eigenes Einkommen zu erzielen. Diese sogenannten Notgründungen aus der Alternativlosigkeit heraus können sich durchaus als erfolgreiche Gründungen entpuppen. Wenn die Existenzgründung aus der Not heraus professionell umgesetzt wird, kann auch diese zu einem erfolgreichen Neuabschnitt führen.

Wiedereinstieg in das Berufsleben

Das trifft eher auf weibliche Gründer zu, die nach langer Familienpause keinen Angestelltenjob mehr finden und sich daher selbstständig machen (müssen), um den Weg zurück ins Arbeits- und Sozialleben zu finden. Eine Existenzgründung ist für viele ältere Frauen manchmal auch die einzige mögliche Einkommensquelle, wenn sie ihren Lebensunterhalt plötzlich selbst verdienen müssen, z. B. nach einer Scheidung oder dem Tod des Partners.

Die Krise als Chance sehen

In Krisenzeiten wie der Corona Pandemie ist der Arbeitsmarkt stark im Umbruch. Viele Stellen werden gekürzt oder es droht Kurzarbeit mit z. T. erheblichen Umsatzeinbußen. Warum sich gerade so eine vermeintliche Krise als Top-Chance für eine Selbstständigkeit herausstellen kann, fassen wir in einem gesonderten Kapitel (K 4) hier im Buch noch einmal zusammen.

K 3 CHANCEN UND RISIKEN EINER EIGENEN EXISTENZ

Sie wägen tagtäglich zwischen Vor- und Nachteilen, Chancen und Risiken ab. Manchmal entwerfen Sie dabei sogar einen alternativen Plan, falls es mit Plan A nicht klappt. Das merken Sie häufig gar nicht, weil es automatisch geschieht und eher unbewusst abläuft. Zur Veranschaulichung ein Beispiel: Ein großer Discounter bietet an einem bestimmten Tag einen Aktionsartikel an, an dem Sie interessiert sind. Nehmen wir an, es handelt sich um einen Gartentisch. Sie wissen aus dem Vorjahr, dass dieser Artikel schnell ausverkauft war – Sie haben nämlich keinen mehr ergattern können – und überlegen daher, wie hoch Ihre Chancen sind, in diesem Jahr einen zu bekommen. Sie denken auch darüber nach, was Sie konkret tun können, um dieses Mal erfolgreich zu sein. Lohnt sich das frühe Aufstehen überhaupt für einen Gartentisch? Würde es etwas nutzen, sich schon vor Ladenöffnung vor die Tür zu stellen? Wie viele Tische wird es überhaupt geben? Sind weitere Filialen in der Nähe, wo Sie evtl. Glück haben könnten, falls es im ersten Laden nicht geklappt hat? (Plan B) Und wie toll wird es sein, wenn Sie tatsächlich einen Tisch bekommen und ihn zu Hause aufstellen?

Sie rechnen sich in diesem Beispiel aus, wie hoch Ihre Chancen sind und welche Risiken es gibt bzw. wie hoch das Risiko ist, zu scheitern. Im Gegensatz zu den Vorüberlegungen einer Existenzgründung sind die Variablen hier überschaubar: Entscheidend ist nur, wie viele Gartentische geliefert wurden, wie hoch die Nachfrage ist und wann der letzte Gartentisch den Laden verlässt.

Für Ihr eigenes Unternehmen lassen sich Risiken und Chancen nicht ganz so leicht abschätzen. Es gibt viel mehr Faktoren, die bedacht werden müssen. Es hängt viel mehr davon ab, dass das Ganze ein Erfolg wird. Diese Überlegungen sind nicht immer angenehm und können Zweifel wecken. Es ist allerdings unerlässlich, seine Chancen und Risiken vor der Gründung ausführlich zu ergründen und sich erst danach für oder gegen eine Selbstständigkeit zu entscheiden.

Für eine Selbstständigkeit sprechen viele positive Aspekte:

- Sie können Ihr Hobby bzw. Ihre Leidenschaft zum Beruf machen.
- Sie können somit Ihre Arbeitslosigkeit beenden.
- Sie können zudem Ihre berufliche Frustration beenden und Ihr eigener Chef sein.
- Sie können eigene Ideen umsetzen und selbst verwirklichen. So, wie Sie es für richtig halten.
- Dadurch, dass Sie sich mit etwas beschäftigen, was Sie lieben, ist Ihre Arbeit erfüllter.
- Sie werden Wertschätzung und Anerkennung erfahren.
- Sie machen sich unabhängig und können günstige Gelegenheiten nutzen.
- Sie haben die Möglichkeit, mehr Geld zu verdienen.
- Sie können Ihre Arbeit flexibler einteilen und Ihr Leben nach Ihren Wünschen organisieren.

Wenn Sie es richtig angehen und lernen, sich zu organisieren, haben Sie mehr Zeit für Familie, Freunde und Hobbys.

Machen Sie sich aber auch klar, dass eine Selbstständigkeit bedeuten kann:

- Kein gesichertes Einkommen
- Geldverlust
- Kein Umsatz, keine Kunden, Bedarf falsch eingeschätzt
- Falsche Annahmen, falsche Kalkulationen
- Zeitverlust
- Imageverlust
- Krankheit, Überlastung

- Insolvenz

> ***„Unternehmer werden ist nicht schwer – einer zu bleiben jedoch sehr."***

Dieser leicht scherzhaft dahingesagte Satz trägt in beiden Teilen etwas Wahrheit und etwas Übertreibung in sich. Grundsätzlich ist es natürlich nicht schwer, ein Unternehmen zu gründen. Je nach Branche müssen nur wenige bürokratische und geringe finanzielle Hürden genommen werden, sodass man theoretisch direkt loslegen kann. Dass etwas mehr dazugehört, ein Unternehmen auf Dauer erfolgreich zu führen, zeigen die relativ hohen Scheiterraten bei Neugründungen.

Lassen Sie sich davon aber nicht abschrecken, wenn Sie von Ihrer Idee und Ihren Fähigkeiten und Chancen wirklich überzeugt sind. Stattdessen kann man aus geschäftlichen Niederlagen anderer Unternehmer wichtige Erkenntnisse ziehen. Das hilft, bereits begangene Fehler nicht zu wiederholen und die Gründe für ein Scheitern zu minimieren.

Planung und Vorbereitung sind das A und O, um langfristig erfolgreich zu sein. Gerade in der Planungsphase einer Gründung müssen die Weichen für ein erfolgreiches und leistungsfähiges Unternehmen gestellt werden. Und selbst, wenn Sie alles beachten, was in Ihrer Macht steht, können Sie weniger erfolgreich sein als erhofft. Es gibt keine Garantie für einen Unternehmenserfolg, daher sollten Sie vor einer Gründung in aller Ruhe alle Vor- und Nachteile einer selbstständigen Tätigkeit abwägen. Werden Sie sich aller Chancen, aber auch aller Risiken bewusst und entscheiden Sie, welcher Weg für Sie und Ihre Zukunft der passende ist.

Hier kommt Ihnen wieder einmal Ihre Erfahrung zugute. Sie wissen, warum Sie sich für eine Selbstständigkeit entschieden haben und was Sie für Ihre Zukunft planen. Sie kennen Ihre Ziele und können einschätzen, ob diese realistisch sind und welche Fähigkeiten Sie zum Erreichen mitbringen. Auswirkungen auf Ihr Leben können Sie viel besser einschätzen, da Sie schon einiges ausprobiert haben und wissen, was zu viel für Sie ist und wie risikobereit Sie sind. Versuchen Sie einmal, jedes mögliche Risiko als Herausforderung zu sehen und sich zu fragen: Möchte ich diese Herausforderung annehmen? Habe ich die Mittel, sie zu meistern und wie möchte ich das Ganze angehen? Seien Sie aber auf jeden Fall ehrlich zu sich selbst und sprechen Sie auch mit Ihrer Familie über Ihre Pläne. Entscheiden sollten Sie sich aber immer aufgrund Ihres eigenen Gefühls.

Mein persönliches Gefühl und Motto war immer: Ich vertraue mir selber – was kann mir schon passieren?!

Aus jahrelanger Erfahrung weiß ich, was alles passieren kann, wenn man es nicht richtig anpackt. Zu 100 % kann man sich so gut wie nie vorbereiten, ein gewisses Restrisiko bleibt immer. Die allgemeine Auffassung, dass ein Unternehmer „etwas riskieren" muss, ist also zum Teil zutreffend. Jeder Chance steht ein Risiko gegenüber, auch wenn für die Gründung kein (Fremd-)Kapitalbedarf erforderlich ist. Bei jüngeren Menschen ist das im Zweifel die Lücke im Lebenslauf, die plausibel und möglichst positiv erklärt werden muss.

Richtig ist aber auch das Prinzip der „kaufmännischen Vorsicht", d. h., dass es zu den Aufgaben eines Unternehmers gehört, das Risiko so gering und überschaubar wie möglich zu halten, ohne sich Chancen entgehen zu lassen. Denn dem Risiko steht eine Gewinnchance gegenüber, die jedoch realistisch und in einem angemessenen Verhältnis zum möglichen Schaden stehen sollte. Im Entscheidungsprozess lautet demnach die wichtigste Frage: Ist meine Geschäftsidee tragfähig und kann sie langfristig erfolgreich sein?

Die gute Nachricht ist, dass Sie mit einer guten Planung viele Risiken minimieren oder gar eliminieren können. Gut vorbereitete Gründungen verfügen erwiesenermaßen über bessere Erfolgsaussichten. So hat eine Untersuchung der KfW Mittelstandsbank im Rahmen des Gründercoachings Deutschland ergeben, dass von den geförderten Gründungen nach fünf Jahren nur wenige insolvent geworden sind. Das bedeutet, dass Gründer, die professionelle Existenzgründerunterstützung in Anspruch genommen haben, deutlich bessere Chancen auf eine erfolgreiche, gewinnbringende Selbstständigkeit haben.

Untersuchungen bestätigen außerdem – und das entspricht auch meinen eigenen Erfahrungen als Beraterin – dass einige wichtige

Kriterien als Basis für eine erfolgversprechende Unternehmensgründung angesehen werden können. Diese Kriterien gelten übrigens für Gründer jeder Altersklasse:

- Fachliche und kaufmännische Kenntnisse
- Selbstvertrauen und Zielstrebigkeit
- Kontakt- und Kritikfähigkeit
- Schlüssiges Unternehmenskonzept
- Realistische Umsatz- und Rentabilitätsvorausrechnungen
- Gesicherte Finanzierung zu günstigen Konditionen
- Beratungsunterstützung
- Ein Businessplan, der all diese Daten übersichtlich bündelt

Neben kaufmännischem Wissen, fachlichen Kenntnissen und Branchenerfahrung benötigt ein Unternehmer auch persönliche Stärken und eine gute Portion Lebenserfahrung, die gerade ältere und erfahrenere Gründer mitbringen. Die über Jahre gereifte Persönlichkeit kann gerade ältere Neuunternehmer zu echten Gründerpersönlichkeiten machen. Dennoch gibt es einige Punkte, die Gründer jedes Alters vermeiden sollten.

Vorhaben scheitern häufig, weil:

- Kein solider Businessplan erstellt wurde,
- eine zu geringe Kapitaldecke, Finanzierungsprobleme, Fehleinschätzungen des Kapitalbedarfs und der Liquidität,
- fehlende oder unzureichende kaufmännische Kenntnisse, geringe Branchenerfahrung vorliegen,
- Informationsdefizite und Ablauf- bzw. Planungsmängel nicht erkannt wurden,
- der eigene Start in einem langjährig unbekannten Gebiet unterschätzt wurde,
- mangelndes Marketing- und Vertriebsverständnis vorliegen,

- neue Anforderungen des Marktes, z. B. die Digitalisierung, sowie verändertes Kaufverhalten „verschlafen“ bzw. nicht richtig eingeschätzt wurden.

Auch Wettbewerber können ein Scheiterrisiko darstellen:

> ***„Kein Baum wird dort wachsen können, wo schon ein Baum steht.“ (Redewendung)***

Konkurrenz kann das Geschäft beleben, kann es aber auch ausbremsen oder gar unrentabel machen. Zudem ist es ein großer Aufwand, ständig schauen zu müssen, was die Konkurrenz gerade wieder Neues ausgeheckt hat.

Wer auf Nummer sicher gehen will und seine Zielgruppe lieber für sich alleine hätte, hat größere Erfolgschancen, wenn er:

- Neues wagt oder Altes anders/besser macht,
- nach Alternativen zu bestehenden Möglichkeiten des Wirtschaftslebens sucht,
- diese – nach intensiven Prüfungen – durchsetzt,
- dabei anders ist als andere und
- die Märkte und Zielgruppen der Zukunft bedient.

Dies bedeutet, Sie müssen Ihre Chancen nicht nur erkennen, untersuchen und abwägen, sondern auch aktiv nutzen.

Aber selbst, wenn Sie bereits viele Herausforderungen für Ihr Vorhaben identifiziert haben, bedeutet das nicht automatisch, die Finger davon zu lassen. Es bedeutet für Sie lediglich, sorgfältig zu planen und sich optimal vorzubereiten. Und dazu empfehle ich Ihnen einen professionellen, ausgefeilten Businessplan. Damit haben Sie Ihr ultimatives Geschäftswerkzeug und -handbuch immer zur Stelle. Wenn Ihr Businessplan steht, wissen Sie, woran Sie sind und wie Sie optimal ins Unternehmerdasein starten können.

> ***„Was wir brauchen, sind ein paar verrückte Leute, seht euch an, wohin uns die Normalen gebracht haben."***
> ***Georg Bernhard Shaw***

Ohne „inneres Feuer" und etwas Verrücktheit geht es nicht!

Denn Sie benötigen neben Fachwissen und anderen bestimmten Fähigkeiten sowie einem gewissen Quäntchen Glück noch einige „soft skills", also persönliche Eigenschaften, die Sie mitbringen sollten. Damit Sie alle Hürden nehmen können und die nötige Ausdauer und Motivation aufbringen, ist Ihr „inneres Feuer" für Ihre Geschäftsidee unerlässlich. Denn wenn Sie das tun, wofür Sie innerlich „brennen" und eine große Leidenschaft besitzen, sind das schon die ersten Garanten für Ihren Erfolg. Wenn Sie Einsatzbereitschaft, Durchhaltevermögen und Begeisterung für Ihre Idee mitbringen, ist alles möglich.

Trotzdem: Ganz ohne Hürden geht keine Gründung vonstatten und auch später werden Sie immer wieder auf Hindernisse und Rückschläge treffen. Niederlagen sollten Sie einstecken können und sowohl kritikfähig als auch optimistisch bleiben. Stellen Sie sich frühzeitig darauf ein und entwickeln Sie Strategien, wie Sie trotz möglicher Rückschläge motiviert bleiben.

Meine Meinung: Nichts ist so sicher wie die eigene Selbstständigkeit, denn die liegt ganz allein in Ihren Händen.

Praxis-Tipp für „Notfälle": Schieben Sie unnötige Zweifel und Ängste für einen Moment rigoros beiseite und denken Sie an all die positiven Dinge, die eine Selbstständigkeit mit sich bringt. All die Vorteile, die Sie nur als Selbstständiger genießen. Warum wollten Sie dies alles auf sich nehmen? Was wollten Sie verbessern?

Machen Sie sich bewusst, dass Sie ohne einen gewissen Leidensdruck, etwa als Angestellter in Ihrem alten Job, gar nicht erst über ein eigenes Unternehmen nachgedacht hätten. Oder dass Ihr Wunsch danach so groß ist, dass Sie diesen Schritt wagen möchten.

Sollten Sie trotzdem noch an die vielen möglichen Risikofaktoren denken, kann ich Sie beruhigen.

Damit Ihnen genau diese Risiken nicht zum Verhängnis werden, halten Sie nun mein Buch in Ihren Händen. Wenn Sie die Tipps und Hilfestellungen und das Kapitel zum Businessplan beherzigen, ist das zwar keine 100 %ige Garantie für Erfolg, jedoch ein sehr guter Grundstein. Mit dem Maßnahmenplan, den Sie als Download auf meiner Website finden, haben Sie die wichtigsten Themen, die Sie „abarbeiten" sollten, im Blick.

Eine persönliche Bitte: Wenn Sie trotzdem nach dem Lesen dieses Kapitels an dem Punkt stehen, sich gegen eine eigene Existenzgründung zu entscheiden, lesen Sie dennoch das Buch bis zum Ende weiter. Sie haben es sich nicht ohne Grund besorgt und bereuen ggf. in den nächsten Jahren, es nicht wenigstens versucht zu haben. Vertrauen Sie mir: Erst der fertige Businessplan kann eine ernsthafte Entscheidungsgrundlage für oder gegen eine Existenzgründung bilden.

K 4 GRÜNDEN IN KRISENZEITEN – EINE GUTE IDEE?

In diesem Kapitel geht es speziell um die Frage, wann denn der richtige Zeitpunkt zum Gründen eines eigenen Unternehmens ist. Genauer gesagt klären wir, ob das Gründen in Krisenzeiten wie z. B. in der Corona-Pandemie sinnvoll ist und wenn ja, was für Chancen und Risiken eine vermeintliche Krise mitbringt.

Warum genau jetzt der richtige Zeitpunkt zum Gründen ist!

Sie denken darüber nach, sich selbstständig zu machen? Ausgerechnet jetzt, wo Corona alles durcheinander gebracht hat und keiner weiß, wie genau es alles ausgeht? Ist das eine gute Idee? Ganz klar: JA! Genau jetzt ist der perfekte Zeitpunkt für eine Existenzgründung, denn kein Job ist so sicher wie der, den ich selbst in der Hand habe. Nicht nur das spricht für eine Gründung zum jetzigen Zeitpunkt, es gibt viele weitere Gründe, das berufliche Schicksal endlich in die eigenen Hände zu nehmen und mit einer Selbstständigkeit neu durchzustarten. Wenn nicht jetzt, wann dann?

Corona ist nicht nur eine Krise, sondern auch eine Chance

Die Pandemie ist eine Extremsituation, die sich aus unterschiedlichen Perspektiven betrachten lässt. Einige Branchen hat es schwer getroffen und viele Menschen befinden sich immer wieder in Kurzarbeit oder haben Angst vor einer drohenden Arbeitslosigkeit infolge von Umsatzeinbußen durch die Beschränkungen im Kampf gegen das Virus. Tatsächlich aber haben seit 2020 aus eigenem Antrieb viele Menschen die Initiative ergriffen und gekündigt, innerlich und äußerlich. In dieser besonderen Zeit haben viele für sich festgestellt, was im Leben wirklich wichtig ist.

Es gibt Unternehmen und ganze Branchen, die sich in dieser herausfordernden Zeit quasi neu erfunden und sich optimal auf das geänderte Kaufverhalten eingestellt haben. Genau das können Gründer auch: Warum soll man die Neusortierung der Märkte nicht für sich nutzen? Der Kunde hat mit seinem Verhalten gezeigt, welche Produkte oder Dienstleistungen für ihn in dieser Zeit am wichtigsten sind und wie er einkaufen möchte, welchen Service er wertschätzt. Wenn Sie genau hinhören, beobachten und die richtigen Schlüsse ziehen, können Sie die geänderten Bedürfnisse gezielt befriedigen und sich so schnell einen treuen Kundenstamm aufbauen.

Seien Sie der frische Wind, auf den Ihre zukünftigen Kunden gewartet haben!

Durch die Pandemie ist vieles flexibler geworden, unkonventionelle Angebote sind gefragt, besondere Serviceangebote, ein spezieller Umgang mit den Kunden – kurzum: Die neuen Umstände machen viele Dinge möglich, die bis vor kurzem noch undenkbar erschienen. Oder hätten Sie im letzten Jahr gedacht, dass z. B. Autokinos noch einmal so eine Renaissance erleben?

Schlimmer kann es doch kaum werden, oder?

Natürlich gibt es Katastrophen und Schicksalsschläge, die noch gravierendere Folgen für Wirtschaft und Menschen haben. Aber die Corona-Krise trifft viele Betriebe schon ziemlich hart. Warum also nicht gleich ins „kalte" Wasser springen? Den Traum von der Selbstständigkeit endlich erfüllen? Was kann im schlimmsten Fall passieren? Unsicher sind die Zeiten sowieso, auch für Angestellte. Die Folgen einer Krise können so gut wie jeden treffen. Wenn Sie eh schon länger mit einer beruflichen Neuorientierung liebäugeln und sich selbstständig machen möchten, dann können genau diese „verrückten" Zeiten der ideale Zeitpunkt sein. Vielleicht passt Ihr Angebot exakt in eine Nische, die sich jetzt aufgetan hat. Vielleicht müssen Sie nur einige Anpassungen vornehmen und bieten genau den Problemlöser an, der vor der Krise überhaupt nicht gefragt war.

Wichtig: Ohne Vorbereitung und „mal eben so" funktioniert keine Existenzgründung. Auch jetzt, wo viele Dinge anders sind, gelten die gleichen Erfolgsrezepte wie sonst auch.

Nutzen Sie Ihre Erfahrungen

Viele Gründer bringen bereits eine Vielzahl von Erfahrungen mit, z. B. aus ihrem Berufs- oder Familienleben, die sie in ihrer Selbstständigkeit enorm vorwärtsbringen. Fachliche und soziale Kompetenz braucht Zeit, die man nur mit einer gewisse (Lebens-)erfahrung mitbringt. In der Corona-Zeit sind sicher noch einige Fähigkeiten und nützliche Erfahrungen hinzugekommen, etwa Organisationsfähigkeit, Stressresistenz etc. Viele Menschen mussten schnell umdenken und flexibel sein. Wie regle ich das mit den Kindern? Wie geht Homeoffice? All diese Fragen haben sich viele Menschen jetzt zum ersten Mal gefragt und meistens eine Antwort darauf gefunden. Darauf kann man nicht nur stolz sein, sondern auch seine eigene Selbstständigkeit aufbauen.

Hätten Sie sich so viel Stärke, Mut und Organisationstalent vorher zugetraut? Wenn nicht, sollten Sie sich auf die Schulter klopfen und den Schwung und das gestärkte Selbstbewusstsein nutzen! Sie haben in kurzer Zeit viel gelernt und exakt daraus können Sie ein solides Fundament entwickeln. Bei einer Gründung ist es wie an der Börse: Man muss den richtigen Zeitpunkt erkennen und nutzen. Und vielleicht ist der ja ganz genau jetzt?!

Ein wenig Vorsicht ist dennoch geboten

Sie haben sich dazu entschlossen, den Schritt in die Selbstständigkeit zu wagen? Prima! Doch Vorsicht – nur weil Sie in Ihrem bisherigen Arbeitsleben erfolgreich waren und ggf. durch die Corona-Krise einen Push bekommen haben, heißt das nicht, dass Sie sich nicht optimal vorbereiten müssen. Laut IHK-Statistik ist eine unzureichende oder falsche Vorbereitung der Scheitergrund Nummer 1 bei einer Existenzgründung, gerade wenn man in einem Bereich gründet, in dem man vorher angestellt tätig war. Es ist ein Unterschied – bitte beherzigen Sie diesen Tipp. Ein erfolgreicher Unternehmer wird man nicht, weil man vorher gut in seinem Job war. Ihre Fachkenntnis und anderen erworbenen Fähigkeit tragen sicher dazu bei, dass Sie erfolgreich ein Unternehmen führen können, aber es gehört noch einiges mehr dazu.

Auf das Thema Businessplan wird in diesem Ratgeber an anderer Stelle ausführlich eingegangen, aber gerade in unsicheren Zeiten wie dieser ist es essenziell, einen soliden Plan und Leitfaden zu haben, der bereits im Vorfeld die wichtigsten Fragen klärt:

Welche Zielgruppe ist für Sie wichtig? Hat sich Ihre Zielgruppe durch Corona vielleicht geändert, sind neue Kunden hinzugekommen? Welche Bedürfnisse befriedigt Ihr Angebot? Wo könnten weitere Absatzmärkte sein? Welche Werbemaßnahmen passen zu Ihren Kunden? Welcher Typ Unternehmer möchten Sie sein, welche Philosophie haben Sie? Möchten Sie irgendwann Mitarbeiter haben? Wer springt für Sie im Notfall ein? Welche finanziellen Mittel benötigen Sie kurz-, mittel- und langfristig? All diese Dinge und noch viele mehr gehören in Ihren Businessplan. Erst wenn der komplett fertig ist, können Sie absehen, ob Ihre Geschäftsidee rentabel sein wird und ob Sie davon tatsächlich auf Dauer leben können. Ich kann es nur immer wieder betonen und spreche dabei aus jahrelanger Erfahrung: Die Zeit, die Sie vorab und während der ersten Gründungszeit in Ihren Businessplan stecken, werden Sie später um ein Vielfaches einsparen. Zudem senken Sie auch Ihr finanzielles Risiko und schonen Ihre Nerven, weil Sie viele Fehler dank Ihres Businessplans nicht machen werden.

Wie verändert die Corona-Krise das Marketing?

Neben Ihrem Businessplan ist Ihre Werbe- und Marketingstrategie jetzt wichtiger denn je. Weil: Wenn niemand von Ihrem großartigen Angebot erfährt, wird auch keiner bei Ihnen kaufen bzw. Ihre Dienstleistung in Anspruch nehmen. Corona hat das Marketing dabei in vielen Bereichen stark verändert.

Von beinahe einem Tag auf den anderen mussten Unternehmen mit einer völlig neuartigen Realität und neuartigen Anforderungen umgehen: Lockdown, verändertes Kundenverhalten, Krisenkommunikation, Ausfälle durch Krankheit und Unterbrechung wichtiger Lieferketten.
Die Pandemie hat gezeigt, dass im Grunde fast jedes Unternehmen vor den gleichen Problemen steht: Zuerst geht es darum, die

eigene Existenz zu retten und die Finanzen so gut es geht im Griff zu behalten. Der Cashflow muss erhalten bleiben, um Arbeitsplätze zu sichern. Verluste ausgleichen und neue Einnahmequellen generieren war und ist oberste Priorität. Was hatte das alles für Auswirkungen auf das Marketing und was davon wird auch nach Corona bleiben?

In der Krise von den großen Marken lernen

Globale Marken haben es vorgemacht: Corona und alle damit verbundenen Veränderungen benötigen neue Wege im Marketing. Kunden kaufen anders ein und erwarten bei Problemen wie Lieferengpässen klare, schnelle Aussagen darüber, wann und wie die Schwierigkeiten angegangen werden. Im Fokus stehen die Krisenkommunikation und lösungsorientiertes Denken und Handeln. Information war und ist das A und O in der Krise. Ein bestimmter Artikel ist ausverkauft? Wann kommt er wieder rein? Gibt es Alternativen? Wie kann ich meine Kunden beruhigen und das Vertrauen erhalten, auch wenn mal etwas nicht verfügbar oder möglich ist?

Besonders für Gründerinnen und Gründer gilt: Gerade jetzt kann man viel von den großen Marken lernen, denn sie haben nicht nur das Budget, um neue Möglichkeiten des Marketings zu finden, sondern auch viele kluge Köpfe, die sich den ganzen Tag nur damit beschäftigen. Kleine Unternehmen sind häufig so in die Probleme des Tagesgeschäfts eingebunden, dass für Marketing kaum Zeit und vor allem Personal übrig ist. Und wenn man sich gerade erst selbstständig macht, fehlen oft die Erfahrung und meistens auch die Zeit für eine ausgeklügelte Marketingstrategie. Warum also nicht auf die schauen, die die Mittel haben und bereits erfolgreich neue Wege gehen?

Altbewährte und neue Wege zum Kunden

Viele Experten sind vor Jahren davon ausgegangen, dass die Hauptprobleme der Wirtschaft mit einem Zusammenbruch der digitalen Welt einhergehen würden. Jetzt, da die „echte" Welt einen herben Rückschlag erfahren hat, hat sie sich nun ganz im Gegenteil als die Lösung oder gar Rettung herausgestellt. Wo Menschen aufgrund von Kontaktbeschränkungen in ihrer Mobilität eingeschränkt sind, wird das Internet zur ersten Wahl, um trotzdem mit ihnen in Kontakt zu kommen. Der Kunde kann nicht zum Unternehmen kommen? Dann muss das Unternehmen eben zu den Menschen kommen.

Was also haben erfolgreiche internationale Brands richtig gemacht? Sie haben auf eine Mischung von altbewährten und neuen, frischen Marketingideen gesetzt. Dazu gehört z. B. das Wiederbeleben von Radiowerbung. Dieser Weg zum Kunden ist nicht nur relativ kostengünstig, sondern clever. Gerade zu Beginn der Krise hatten viele Menschen ein erhöhtes Informationsbedürfnis, wie man an den diversen Sondersendungen im TV und Radio sehen konnte. Dementsprechend konnte durch Radiowerbung eine hohe Zahl an Kunden mit recht einfachen Mitteln erreicht werden.

Online- und Offlinemarketing müssen Hand in Hand gehen

Auch das Internet und die sozialen Medien wurden in hohem Maße genutzt, um die neusten Informationen über Corona zu erhalten. Durch Kurzarbeit, Ausfall der Schule oder Universität hatten die Menschen außerdem viel mehr Zeit, um im Internet unterwegs zu sein. Viele große Marken haben das erkannt und beispielsweise auf spezielle App-Angebote gesetzt, um Kunden anzusprechen und z. B. auf die eigene Website zu lenken. Die Vorteile: Es ist einfach für den Nutzer, ständig aktualisierbar und bietet unzählige Möglichkeiten der Information und Nutzung. Überhaupt haben viele Unternehmen die Coronazeit dazu genutzt, ihr Onlineangebot auf den neusten Stand zu bringen.

Restaurants haben Kunden auf ihrer Website darüber informiert, wie der Betrieb weitergeht, etwa durch neue Lieferservices oder geänderte Öffnungszeiten. Händler haben zeitnah darüber informiert, wann beliebte Artikel wieder verfügbar sind, und haben darüber hinaus spezielle Sonderangebote geschaltet. Unternehmen, die sich flexibel auf die Krise eingestellt haben, konnten diesen Service einfach und blitzschnell über ihre Website, über eine eigene App oder ihre Social-Media-Kanäle kommunizieren.

Was für die Zukunft bleibt, ist die Erkenntnis, dass es keine Trennung mehr zwischen On- und Offlinebusiness gibt. Der stationäre Handel und alle anderen Unternehmen müssen auf das geänderte Kauf- und Informationsverhalten der Kunden eingehen und in ihre Marketingplanung mit einbeziehen. Wenn sich Kunden einmal an einen Service gewöhnt haben, werden sie in Zukunft nicht mehr darauf verzichten wollen.

Lokal agieren und informieren

Auf der einen Seite haben Kunden mit vermehrten Onlinekäufen auf die Corona Beschränkungen reagiert. Auf der anderen Seite aber wurden verstärkt auch lokale Angebote wahrgenommen wie etwa die oben angesprochenen Lieferservices von Restaurants. Für Unternehmen ist dies nicht ganz einfach, nehmen wir das Beispiel Supermarktketten. Während Filialen in Bayern dieses oder jenes Produkt in großer Zahl zur Verfügung hatten, waren manche Artikel andernorts bereits nach Stunden ausverkauft. Was bedeutet das für die Kommunikation und das Marketing?

Man muss die Kunden lokal informieren und dort aktiv werden, wo die Probleme sind. Was nutzt es, zu wissen, dass in Hamburg ausreichend Toilettenpapier vorhanden ist, wenn ich 300 Kilometer entfernt wohne? Als Kunde möchte ich wissen, was bei mir vor Ort los ist und wann ich ganz konkret wieder mit einer neuen Lieferung rechnen kann.

Online-Präsenz nutzen, optimieren und ausbauen

Auch wenn die Stärkung der lokalen Wahrnehmung und Neukundengewinnung bzw. das Stärken der Vertrauen Ihrer Stammkunden in Ihrer näheren Umgebung gerade in Krisenzeiten mit – wie zurzeit aktuell – Einschränkungen der Bewegungsfreiheit sehr wichtig ist, sollten Sie all die anderen potenziellen Kunden „weiter draußen" nicht außer Acht lassen. Kunden sind in Krisenzeiten häufig vermehrt online unterwegs, etwa um mögliche Kontakte einzuschränken. Sie bestellen und kaufen nicht nur online, sondern informieren sich auch im Internet.

Vergessen Sie nicht: Auch Ihre Mitbewerber sind online unterwegs und wenn Sie in diesem Marketing- und Absatzmarkt nicht mithalten können, gehen Aufträge u. U. an jemand anderen. Schauen Sie ruhig mal auf die Konkurrenz, was dort online los ist und passen Sie gute Ideen auf Ihr eigenes Unternehmen und Onlinegeschäft an. Das Rad muss nicht immer neu erfunden werden, aber es muss zum Fahrzeug passen, um ruckelfrei zu laufen. Sprich, lassen Sie sich inspirieren, ohne zu kopieren.

Ein großer Vorteil des Onlinebusiness: Gute Ideen, Kampagnen und Services sprechen sich in Windeseile um. Diese Viralität können Sie im persönlichen „Analog"-geschäft nie erreichen. Wenn etwas gut ist, wird es online geteilt und Ihr Unternehmen auf vielen Wegen weiterempfohlen. Das geht sehr schnell und kostet Sie in der Regel wenig Geld. Diese Mechanismen nicht zu nutzen, ist aus unternehmerischer Sicht nicht clever. Mitunter lassen Sie wertvolle Kontakte und vor allem Umsatz liegen.

Wichtig: Planen Sie ein realistisches Budget für Ihre Onlineaktivitäten ein, beispielsweise für einen guten, funktionierenden, ansprechenden und schnellen Onlineshop oder für eine moderne Website. Planen Sie ebenfalls regelmäßig Zeit ein, z. B. um Nachrichten zu beantworten, Bestellungen abzuarbeiten oder Updates und Optimierungen durchzuführen. Sie werden sehen, dass sich das langfristig lohnt. Denn selbst, wenn die aktuelle Krise irgendwann vorbei ist, werden viele Kunden Ihr Kaufverhalten – d. h. Ihre Onlinenutzung – beibehalten. Es ist also nicht nur für den Moment wichtig, sich online optimal aufzustellen, sondern vor allem für die Zukunft Ihres Unternehmens.

Die Krise hat gezeigt: Schnelle Maßnahmen und Transparenz sind gefragt.

Verschiedene Studien haben gezeigt, in welchen Bereichen des Marketings eine größere und in welchen eine geringere Nachfrage herrscht, seit das Virus unser Leben bestimmt. Zu den Verlierern gehört verständlicherweise die Eventbranche – aufgrund der Kontaktbeschränkungen und anderer Regelungen was Versammlungen und Veranstaltungen angeht, setzen Unternehmen in diesen Zeiten kaum auf große Events. Wer eindeutig gewonnen hat ist der Bereich Webentwicklung. Schnelle Online-Maßnahmen und Anwendungen, die unmittelbar greifen, sind der Weg zum Kunden. Das kann ein vereinfachter Bestellweg über den Onlineshop sein oder ein Anmeldeformular für den Newsletter. Infos müssen zeitnah vermittelt und abgerufen werden können, ebenso wie aktuelle Angebote.

Was die Studien auch gezeigt haben: Public Relations, also die Kommunikation mit dem Kunden, ist so wichtig wie nie. Auch PR gehört in den Marketing-Mix und sollte nicht erst jetzt einen hohen Stellenwert in Unternehmen haben. Gründerinnen und Gründer sollten diesem Bereich von Beginn an Aufmerksamkeit schenken und in die Marketingplanung aufnehmen. Information ist Trumpf und überlebenswichtig – nie haben Kunden so sehr erwartet, auf dem Laufenden gehalten zu werden wie jetzt, wo nichts sicher scheint. Konkret bedeutet das, dass sofort kommuniziert werden muss, wenn etwas nicht gut läuft. Krisenkommunikation setzt Empathie und vorausschauendes Handeln voraus, ebenso wie der Wille zur Transparenz. Kein Unternehmen war auf die Krise vorbereitet und überall läuft einmal etwas nicht optimal. Damit der Kunde Vertrauen aufbaut und auch in Krisenzeiten nicht verliert, muss man auch über eventuelle Probleme informieren und möglichst eine Lösungsstrategie parat haben. Nicht zu reagieren oder im schlimmsten Fall Unwahrheiten präsentieren hat schon vielen Unternehmen das Genick gebrochen.

Auf der anderen Seite sollten Unternehmen aber auch über Positives berichten, besonders bei einer Neugründung bzw. Neueröffnung. Welche Services werden angeboten? Gibt es spezielle Angebote, die besonders jetzt in Zeiten von Corona begehrt und gefragt sind? Wie bereits geschrieben: Nur wenn Kunden wissen, dass es Sie gibt und was er bei Ihnen bekommt und von Ihnen erwarten kann, wird er Kontakt aufnehmen und das bedeutet im besten Fall Umsatz, neue Kunden und Stammkunden. Der beste Weg, Ihren Kunden dauerhaft im Gedächtnis zu bleiben, ist der Aufbau und die Pflege Ihrer Marke. Dabei gilt:

- Ihre Markenbotschaft muss klar definiert sein, sofort verständlich und eingängig.
- Ziehen Sie Ihre Corporate Identity konsequent durch.
- Achten Sie auch im Privatleben darauf, dass Sie nichts tun, was Ihren Markenrichtlinien widerspricht.
- Wählen Sie eine Botschaft aus, mit der sich viele Menschen identifizieren können.
- Positiv ist Trumpf – eine negativ besetzte Marke (Stichwort Shitstorm) wird Umsatz verlieren.
- Die Marke muss zu Ihnen und Ihrem Angebot passen, Unstimmigkeiten verwirren den Kunden und er wird sich wahrscheinlich nicht für Sie entscheiden.
- Nutzen Sie verstärkt Social-Media-Kanäle, um mit Ihren Kunden in Kontakt zu bleiben bzw. neue Zielgruppen zu erschließen.

Fazit

Die Corona Pandemie hat die komplette Wirtschaft getroffen, wenn auch in unterschiedlicher Härte. Manche Unternehmen konnten dank gezielter Anpassungen von der Krise profitieren, andere mussten herbe Verluste einstecken. Neugründerinnen und Neugründer, die sich in dieser spannenden Zeit zur Selbstständigkeit entschließen, können die vielen Veränderungen in Punkto Kundenwünsche, Kundenverhalten, Bedarf und Marketingwegen direkt von Beginn an nutzen, um ihr Angebot an diese Veränderungen anzupassen. Wer nicht mit Scheuklappen stur seinen vorgeplanten Weg geht, sondern auch einmal nach rechts oder links schaut, kann aus der Krise viele Chancen machen und sein Unternehmen erfolgreich aufbauen.

Es ist nicht falsch, von anderen Unternehmen zu lernen. Wer schon länger am Markt ist, viel Budget für Marketing und neue Ideen hat, kann als Vorbild dienen oder einfach als Inspiration für die eigene Geschäftsidee. Kopieren ist tabu, aber Anregungen holen ist sinnvoll. Gründerinnen und Gründer haben den großen Vorteil, dass sie mit ganz frischem, unverbrauchtem Blick auf den Markt schauen und – wenn sie in der vermeintlichen Krise gestartet sind – auch künftige Herausforderungen mit mehr Optimismus angehen. Was kann ich aus der Krise für künftige härtere Zeiten lernen? Wie bereite ich mein Unternehmen optimal für die Zukunft vor, welche Eventualitäten sollte ich bedenken, welche Weichen frühzeitig stellen? Gründerinnen und Gründer werden nicht wie andere Unternehmen von der Pandemie überrascht, sondern wissen, wie die Zeiten gerade sind. Wer dieses Wissen effektiv nutzt, kann mit einem zusätzlichen Push in die Selbstständigkeit starten.

Ich sage es immer wieder gerne: Nichts ist so sicher wie das, was ich selbst in der Hand habe. Und was habe ich mehr in der Hand als mein eigenes Unternehmen? Also nur Mut, die Zeiten sind ideal für eine Existenzgründung!

K 5 BIN ICH EIN UNTERNEHMERTYP: ERFOLGSFAKTOR GRÜNDERPERSÖNLICHKEIT

Soll ich das Risiko einer Existenzgründung wagen – oder lieber nicht? Bin ich nicht schon zu alt? Halte ich den anstehendenden Weg aus? Kann ich durchhalten, auch wenn die Umstände schwierig sind? Bin ich bereit, die nötigen Anstrengungen anzugehen und mein Leben nach meinem Unternehmen auszurichten? Bei der Beantwortung dieser sehr entscheidenden Fragen hilft es, sich selber einmal nach seinem persönlichen „Fingerabdruck“ zu fragen. Sich bewusst zu machen, „aus welchem Holz“ man geschnitzt ist.

Eine Gründung ist nicht nur eine betriebswirtschaftliche, sondern auch eine persönliche Herausforderung. Es ist wichtig, dass Sie sich als erstes über Ihre ganz individuellen Beweggründe, Stärken und Schwächen klar werden. Je intensiver Ihre Selbstanalyse erfolgt, desto zuverlässiger ist die darauf aufbauende Planung. Je mehr Sie über sich und Ihre Möglichkeiten und eventuelle Schwachstellen wissen, desto geringer ist das Risiko böser Überraschungen. Über sich selbst als Person nachzudenken ist auch in vielerlei anderer Hinsicht wichtig.

Nehmen Sie sich ausreichend Zeit, um in sich hineinzuhorchen und machen Sie eine ehrliche, ausführliche Bestandsaufnahme:

Kenne ich meine Stärken und Schwächen? Von welchen Stärken kann ich als zukünftiger Unternehmer profitieren und woran sollte ich arbeiten? Schummeln bringt an dieser Stelle nichts, denn Sie machen das ja für sich selbst und für keinen anderen. Sie können sich nur dann mit voller Energie Ihrem Vorhaben widmen, wenn Sie für sich genau klar haben, was Sie erreichen wollen, was Sie antreibt und motiviert. Dem gegenüber sollte Ihnen auch klar sein, was Sie bremsen könnte und vom Erfolg abhält.

Machen Sie den Selbsttest: Die folgenden Eigenschaften, Fähigkeiten und Voraussetzungen könnten Ihnen weiterhelfen – ganz unabhängig vom Alter!

Bin ich eigentlich ein Gründertyp?

Und was zeichnet überhaupt eine Gründerpersönlichkeit aus? Diese und viele weitere Fragen gehen potenziellen Existenzgründern häufig durch den Kopf, bevor sie sich für eine eigene Selbstständigkeit und damit einen völlig neuen und ggf. turbulenten Lebensabschnitt mit ungewissem Ausgang entscheiden. Denn man gründet ja nicht „mal eben" quasi im Vorbeigehen ein Unternehmen. Da gibt es so viele Punkte und Faktoren zu recherchieren, bedenken, zu planen und abzuwägen.

Hinzu kommen oftmals verunsichernde Anmerkungen und Aussagen von Außenstehenden: Bist du dir wirklich sicher, dass das das Richtige für dich ist? Meinst du, du schaffst das? Selbst und alleine auf eigenen Beinen stehen und Geld verdienen? Bist du nicht zu alt dafür? Möchtest du deinen sicheren Job dafür wirklich aufgeben? Möchtest du echt noch einmal bei null anfangen?

> ***„Wenn man anfängt, an sich selbst zu zweifeln, haben schlechte Menschen gute Arbeit geleistet."***

Dazu eine Anmerkung aus eigener Erfahrung: Als ich mit 38 Jahren mein eigenes Unternehmen gegründet habe, wurde mir gesagt: „Das ist aber mutig – noch in dem Alter eine Existenzgründung einzugehen." Heute, nach vielen Jahren Beratungspraxis und selbst bei dem „plus" angekommen, kann ich darüber rückblickend nur schmunzeln.

Mein Tipp: Gehen Sie systematisch vor. Hinterfragen und analysieren Sie! Nehmen Sie sich im Vorfeld ausreichend Zeit für Ihre Selbstanalyse und starten Sie erst dann, wenn Sie sicher sind.

Dabei ist es am sinnvollsten, sich einige der folgenden, grundlegenden Fragen vor der Gründung durch den Kopf gehen zu lassen und sich selbst den **PULS** zu fühlen:

P ersönlicher Hintergrund

U nternehmische Kompetenz

L eistungsmotivation

S ozialkompetenz

Um diese Fragen so gut wie möglich beantworten zu können, macht es durchaus Sinn, die Gründe dafür oder dagegen unter verschiedenen Blickwinkeln für sich zu betrachten.

Praxis-Tipp: Nutzen Sie kleine Karten für Stichworte Ihrer Fragen, um dann einen Gesamtblick darauf zu werfen und ggf. die Themen zu erkennen, bei denen Sie in jedem Fall Unterstützung benötigen.

Um Ihre Ergebnisse übersichtlich zu bündeln und so einfacher einordnen zu können, sollten Sie die Fragestellungen thematisch ordnen.

Ein Themenbereich sollte sich mit Ihrer Motivation und Lebenssituation beschäftigen:

Persönlicher Hintergrund

- Was ist der Grund für die Selbstständigkeit?
- Haben Sie ausreichend Zeit zur gründlichen Vorbereitung?
- Stehen Sie die Belastungen während der Startphase – und auch später – durch?
- Verfügen Sie über ausreichend emotionale Stabilität, den ganzen Stress auf sich zu nehmen, viel Zeit und Arbeit zu investieren, um Ihr Unternehmen aufzubauen und zum Erfolg zu führen? U. U. mehr Mühe, als Sie im Vorhinein vielleicht annehmen?
- Passt Ihr Lebensstandard zur geplanten Gründung?
- Stehen Familie, Partner bzw. Freunde hinter Ihnen? Gerade in der ersten Zeit werden Sie zeitlich stark beansprucht sein – quasi 7 Tage die Woche. Privatleben und Freizeit müssen häufig geopfert werden. Überlegen Sie vorher, wie Sie alles unter einen Hut bekommen können, ohne sich zu verausgaben oder aufzureiben.
- Sind Sie fachlich gut genug qualifiziert für Ihr Gründungsvorhaben?
- Verfügen Sie über genügend Branchenerfahrung?
- Wie sieht es mit dem kaufmännischen Know-how aus?
- Halten Sie es aus, jeden Monat unter Umständen kein fest planbares Gehalt sowie Urlaubstage zu haben?
- Wie ist Ihr Statusdenken?
- Und ganz wichtig: Haben Sie einen Notfallplan?

Mit der folgenden **Fragenrubrik** können Sie herausfinden, wie weit der Unternehmer in Ihnen schon ist und an welchen Stellen Sie noch optimieren können. Das werden Sie übrigens Ihr ganzes selbstständiges Berufsleben lang tun, denn es gibt immer etwas Neues zu lernen oder zu verbessern. Beantworten Sie folgende Fragen daher immer ehrlich – Sie brauchen niemandem etwas zu beweisen und können alles lernen, was noch nicht so optimal ist:

Unternehmerisches Denken/Kompetenz

- Sind Sie ein Organisationstalent, das zukünftig mehrere Aufgabenbereiche einer Firma alleine tragen kann?
- Können Sie alle Positionen, die nötig sind, besetzen?
- Können Sie sich eigene Ziele setzen und „dranbleiben“?
- Haben Sie eine unternehmerische Vision?
- Schätzen Sie Ihr Angebot realistisch ein, z. B. bzgl. Preisgestaltung?
- Fällt es Ihnen leicht, Entscheidungen zu treffen? Ggf. auch unangenehme?
- Sind Sie bereit, Verantwortung, z. B. für eigene Mitarbeiter, zu übernehmen?
- Ein Produkt oder eine Dienstleistung präsentieren – liegt Ihnen das?
- Wie sieht es aus mit dem Verständnis für die Funktionen des Internets? Kennen Sie sich mit Marketing und Vertrieb aus?
- Sind Sie bereit, Risiken einzugehen und Verantwortung zu übernehmen für sich selbst, Ihr Angebot oder Ihre Mitarbeiter?
- Viele neue Situationen und Aufgaben kommen auf Sie zu, für die Sie Verantwortung übernehmen müssen. Können Sie das (aushalten)?
- Sind Sie in diesem Fall in der Lage, trotz des Risikos Entscheidungen zu treffen?
- Schaffen Sie es, sich auch zum Erledigen unangenehmer Aufgaben zu motivieren?

Als selbstständiger Unternehmer werden Sie trotz Euphorie und Enthusiasmus Aufgaben erledigen müssen, die Ihnen keine Freude bereiten. Unter Umständen müssen Sie zu Zeiten arbeiten, in denen Ihre Freunde in den Strandurlaub aufbrechen und vielleicht können Sie auch so manchem Hobby nicht mehr regelmäßig nachgehen. Umso wichtiger ist es, sich selbst in diesen Situationen motivieren zu können. Nicht nur, überhaupt zu arbeiten, sondern darüber hinaus die gewohnt optimale Leistung abzurufen. Die gute Nachricht: Sollten Sie bei der Beantwortung der nachfolgenden Fragen auf vermeintliche Schwachstellen stoßen, kann ich Sie beruhigen. Motivation kann man trainieren, egal wann man mit dem Training beginnt.

Leistungsmotivation

- Können Sie sich selbst gut und immer wieder aufs Neue motivieren? Stichwort: Selbstdisziplin!
- Idealerweise reizt Sie die Aufgabe selbst und nicht die Belohnung oder Anerkennung. Trifft das auf Sie zu?
- Schaffen Sie es, sich den immer wieder neuen Herausforderungen zu stellen?
- Wie sieht es mit Ihrem Durchsetzungsvermögen aus? Können Sie gut Nein sagen?
- Werden Sie das, was Sie planen, langfristig mit einer gewissen Arbeitsfreude umsetzen können?
- Passt Ihre Einsatzbereitschaft zu Ihren gesteckten Zielen? Hier sollten Sie besonders ehrlich zu sich selbst sein.
- Schaffen Sie es, einen guten ersten Eindruck zu hinterlassen und auf Ihr Gegenüber positiv zu wirken?
- Möchten Sie mit dem, was Sie planen, erfolgreich sein? Was sehen Sie selbst als persönlichen Erfolg an?
- Wie hoch ist Ihre Frustrationstoleranz?
- Zug statt Druck: Wie motiviert sind Sie und wie können Sie Ihre Motivation beeinflussen?

Motivationstipp: Belohnen Sie sich, wenn Sie ein Ziel erreicht haben oder etwas passiert, was Sie auf Ihrem Weg zum Erfolg nach vorne bringt. Feiern Sie sich und das Ereignis wortwörtlich – das stärkt Ihr Selbstbewusstsein, auf dem richtigen Weg zu sein und rüstet Sie, Niederlagen (noch besser) zu verkraften, sollten sie denn eintreten.

Umgang mit dem Motivationskiller: Wenn Sie Ihren Gegner kennen, können Sie ihn besiegen.

Eine 60 Stunden Woche und wenig oder gar kein Urlaub – will ich das, kann ich das? Wo bleibt meine Selbstbestimmung?

Sie haben beim Durcharbeiten der Checkliste „Bin ich ein Unternehmertyp“ vermutlich an der einen oder anderen Stelle Schweißperlen auf der Stirn gehabt und sich gefragt, ob Sie das schaffen. Sie erschrecken vielleicht beim Gedanken an all die vielen Dinge, auf die Sie vielleicht verzichten und die Sie bedenken müssen.

Ja – es ist ein wenig wie bei einem Jongleur im Zirkus: Alle Bälle sollten idealerweise gleichzeitig fliegen. Die freie Entscheidung über Zeit und Aufgaben als Vorteil einer Selbstständigkeit bedeuten leider auf der anderen Seite auch, dass Selbstständige meist mehr als die üblichen 40 Stunden pro Woche arbeiten. Das haben Sie jedoch für sich selbst in der Hand, indem Sie die folgenden Fragen beantworten:

Was will ich in welcher Zeit erreichen, mit welchen Mitteln und mit welcher Unterstützung?

Hier profitieren Sie ganz klar vom Vorteil Ihrer Lebens- und Berufserfahrung: Sie können entspannter mit Hürden umgehen, da Sie viele Situationen bereits erlebt und gemeistert haben. Sie sehen die Dinge relativ zu dem, was Ihr Leben bisher an Herausforderungen für Sie bereitgehalten hat. Das gilt sicher nicht einheitlich für alle Gründer 45plus, aber doch für eine Vielzahl. In vielen Gesprächen mit älteren Neugründern kam deutlich heraus, dass man mit steigendem Alter in vielen Bereichen automatisch gelassener reagiert. Außerdem kennt man sich selbst viel besser als zu Beginn des Berufslebens. Man weiß, was man kann und was nicht. Und was man braucht, beispielsweise an Freizeit, Umsatz oder an persönlichem Freiraum.

Damit Sie trotz der vielen Arbeit zu Ihren Ruhepausen und zu ausreichend Freizeit und Freiraum kommen, stehen Ihnen einige Hilfsmittel zur Verfügung. Sie müssen z. B. nicht alles selbst machen. Geben Sie Aufgaben ab, die Sie nicht gut beherrschen oder die eine andere Person besser/schneller/günstiger erledigen kann. Lernen Sie, zu delegieren.

Delegieren

Schwierig wird es dann, wenn Sie zu viel leisten müssen, weil Sie nicht nein sagen und Ihren Kunden nichts abschlagen können. Im schlimmsten Fall leisten Sie sogar noch mehr, als Sie Ihrem Kunden in Rechnung stellen. Wenn aber alles nur an Ihnen hängt, bremst das Ihre Wachstumschancen. Das ist nicht nur nicht sinnvoll, sondern auch unlogisch.

Wenn Sie in einem anderen Lebensbereich etwas nicht beherrschen, gehen Sie zu einem Experten. Wenn Sie aber in Ihrem eigenen Unternehmen einige Bereiche nicht optimal ausfüllen – fachlich oder zeitlich – dann verzichten Sie auf die Hilfe eines Fachmannes. Vielleicht möchten Sie dadurch Geld sparen, das ist verständlich. Allerdings müssen Sie bedenken, dass Sie in der Zeit, in der Sie eine Aufgabe erledigen, die Sie nicht gut beherrschen, viel effektiver hätten arbeiten können. In einem Bereich, der Ihren Stärken entgegenkommt. Vielleicht benötigen Sie viel mehr Zeit, als ein Profi brauchen würde. Dann fallen Sie in dieser Zeit unnötig aus und könnten stattdessen Umsatz generieren. Und zwar mit Ihren Stärken.

Daher: Geben Sie Aufgaben an jemanden ab, der es besser kann. Organisieren Sie Ihre Aufgaben so, dass genügend Zeit für Sie selbst bleibt. Übertreiben Sie es nicht und muten Sie sich selbst kein zu großes Pensum zu. Lernen Sie, abzugeben und clever zu delegieren – das wird Ihnen viel Freiraum zurückgeben.

Setzen Sie Prioritäten

Wenn Sie an den Punkt gelangen, an dem Sie voll ausgelastet sind, sollten Sie sich zuerst einmal gratulieren. An diesem Punkt sollten

Sie bei aller Freude aber besonders Ihre Arbeits- und Lebensbalance im Auge behalten.

Mit folgenden Tipps schaffen Sie den Spagat zwischen Job und Freizeit:

- Tun Sie nur noch das, wofür Sie eine Rechnung schreiben können.
- Wenn Sie das bereits tun, konzentrieren Sie sich auf die Kunden mit dem größten Umsatz.
- Auch wenn es schwerfällt: Lehnen Sie weniger rentable Aufträge ab.
- Vergeben Sie Aufgaben an (freie) Mitarbeiter oder an Dritte.
- Auch bei Auslastung dürfen Sie die Akquise für Folgeaufträge nicht ganz aus den Augen verlieren.
- Delegieren Sie alles, was Sie nicht unbedingt selbst erledigen müssen.
- Standardisieren und automatisieren Sie Arbeitsabläufe.
- Bearbeiten Sie E-Mails und Telefonate ausschließlich zu festen Zeiten und konzentrieren sich sonst „nur“ auf die Arbeit.
- Lassen Sie unwichtige Dinge einfach liegen – es ändert sich am Ergebnis nichts.

Lesetipp: Das Pareto Prinzip 80/20: 20% der Arbeit bringen 80 % des Gewinns (benannt nach Vilfredo Pareto).

Ab und zu muss eine Auszeit sein: Stichwort Vertretung

Auch wenn es anfangs merkwürdig klingen mag: Machen Sie sich ersetzbar. Organisieren Sie Ihre Arbeitsabläufe so, dass Sie jemand gleichwertig vertreten kann. Insbesondere auch für den Fall, dass Sie einmal (unerwartet) ausfallen.
Wenn Sie Einzelkämpfer sind, suchen Sie sich einen Stellvertreter,

den Sie im Idealfall als Nachfolger „ausbilden“ können. Wenigstens für Urlaubszeiten oder Krankheit sollten Sie jemanden haben, der für Sie einspringen kann.

Eine Person Ihres Vertrauens sollte zudem wichtige Informationen und Passwörter kennen. Gönnen Sie sich unbedingt auch einmal einen Urlaub ganz ohne Laptop und Handy – es geht tatsächlich. Üben Sie „Auszeiten“ und bleiben Sie immer länger abwesend, sodass Sie langfristig Ihre Ziele zur Arbeitszeit und Work-live-balance in Einklang bringen. Lernen Sie, anderen Menschen zu vertrauen, besonders Ihren Mitarbeitern bzw. Ihrer Vertretung. Überhaupt ist der Umgang mit anderen Menschen eine der größten Herausforderungen in der Selbstständigkeit. Er ist aber zugleich auch einer der spannendsten Aspekte einer eigenen Firma.

Als Unternehmer ändert sich für Sie die Überschrift quasi von Chef zu Kunde und Sie werden zwangsläufig auf die verschiedensten Menschen treffen: neben Kunden sind da ggf. Mitarbeiter, Lieferanten etc. Ihre Kompetenz, mit anderen umzugehen und eine positive Geschäftsatmosphäre zu schaffen, spielt eine wichtige Rolle für Ihren Erfolg und Ihre Freude an dem, was Sie tun.

Ein genauer Blick auf Ihre Sozialkompetenz im Vorfeld lohnt sich also und Sie lernen gleichzeitig etwas über sich selbst.

Wie beurteilen Sie Ihre Fähigkeiten in folgenden Bereichen:

- Zusammenarbeit mit anderen Menschen
- Führungskompetenz
- Umgang mit Kritik und Konflikten
- Umgang mit negativer Resonanz/Rückschlägen
- Kundenorientierung, Servicegedanke
- Verhandlungsgeschick
- Kontaktfreudigkeit, Offenheit
- Authentisches, sicheres Auftreten
- Selbstmarketing und -reflektion

Sie müssen nicht bei allen Punkten 100 Prozent erreichen.

Nach Beantwortung dieser Fragen wird jeder Gründer zu ganz anderen Ergebnissen gelangen. Einige von Ihnen werden feststellen, dass Sie schon sehr weit sind. Andere werden sich vielleicht mehr über ihre Schwächen sorgen oder sich fragen, ob sie wirklich zum Unternehmer taugen. Es wird immer wieder Neues geben, was Sie dazulernen im Laufe der Zeit. Sie können nicht alles wissen und müssen nicht alles sofort können!

Schärfen Sie Ihre Kompetenzen. Im Zweifel nehmen Sie sich hierfür Unterstützung.

Auch wenn Sie beispielsweise eher zu den schüchternen Menschen gehören, bedeutet das nicht, dass Sie keinen Erfolg als Unternehmer haben werden. Viele bekannte, erfolgreiche Gründer sind eher introvertiert und stehen nicht gerne im Mittelpunkt. Durch Kompetenz und fachliche Sicherheit plus ein wenig Training lässt sich dies aber sehr gut ausgleichen.

Auch fortgeschrittenes Alter stellt keinen Hinderungsgrund dar – viel wichtiger für die spätere Unternehmensführung ist die Fähigkeit zu fachübergreifendem Denken.

Die folgende Frage taucht ebenfalls häufig auf, wenn Menschen über eine Gründung nachdenken:

Ich bin kein Verkäufertyp – wie kann ich es dennoch schaffen?

Die wenigsten Selbstständigen fühlen sich als geborene Verkäufer und haben dabei ganz besondere Vorstellungen, was einen Verkäufer ausmacht. Viele denken dabei an den Hardseller, der erst lockerlässt, wenn er gewonnen hat. Oder sie glauben, dass man unbedingt die Kaltakquisition draufhaben muss, wenn man ein Unternehmen aufbauen möchte und daran gar nicht vorbeikommt.

Eines ist sicher: Ohne etwas zu verkaufen, kann man kein Unternehmen aufbauen und langfristig erfolgreich führen. Der Verkauf ist die Voraussetzung für den Umsatz und nach Abzug aller Kosten für das eigene Einkommen. Auch wenn Sie Ihre Ware oder Dienstleistung nur über das Internet anbieten, kommen Sie irgendwann an den Punkt, an dem Sie Verhandlungen und Verkaufsgespräche führen müssen.

Aber: Werden Sie sich bewusst, dass Sie dabei keine aggressiven Verkaufstechniken anwenden müssen! Sie müssen nicht zu jemandem werden, der alles verkaufen kann. Entscheiden Sie sich ganz bewusst für Ihre Methode und Ihren ganz eigenen persönlichen „Verkaufsstil". Sie verkaufen Ihr eigenes Produkt, von dem Sie überzeugt sind. Sie möchten, dass Ihre Kunden ebenfalls von den Vorteilen Ihres Angebotes profitieren und müssen ihnen dazu nur zeigen, was das Geniale daran ist. Ihr Angebot sollte so gut sein, dass Sie gerne darüber erzählen und andere von Ihrer Idee begeistern möchten. Mehr ist Verkaufen gar nicht.

> ***„Enten legen ihre Eier in aller Stille. Hühner gackern dabei wie verrückt. Was ist die Folge? Alle Welt isst Hühnereier."***
> ***Henry Ford***

Bleiben Sie stets auf Augenhöhe mit Ihren Kunden. Sie müssen sie weder manipulieren noch im Verkaufsprozess taktieren. Sie drehen niemandem etwas an und überreden keine Kunden. Nehmen Sie sie ernst und widmen ihnen die volle Aufmerksamkeit. Verkaufen bedeutet, positive Emotionen zu wecken bzw. zu transportieren.

Tipp: Sehen Sie sich selbst nicht als Verkäufer, sondern als Berater, der Ihren Kunden zu einem positiven Erlebnis verhelfen möchte. Dadurch wird es Ihnen leichter fallen, zu „verkaufen". So entsteht zudem ein Vertrauensverhältnis mit Ihrem Kunden, das ihn eventuell zu einem treuen Stammkunden macht. Geben Sie Rat und helfen Sie dabei, die richtige Entscheidung zu treffen.

Wer sich gut beraten und ernst genommen fühlt, ist eher bereit, den Preis Ihres Angebotes zu akzeptieren und ihn ohne schlechte Gefühle zu bezahlen. Mit Druck und vermeintlichen Tricks lässt sich dauerhaft nur schlecht erfolgreich verkaufen. Positiv ist das A und O, sehen Sie alles als Chance, auch Kritik von Kunden, denn:

Einwände sind nichts anderes als verdeckte Kundenwünsche.

Sehen Sie Einwände von Kunden nicht als Aus für Ihr Geschäft oder als Einbahnstraße, sondern betrachten Sie sie immer als Chance. Ihr Kunde hat sich Zeit für Ihr Produkt genommen und für ein ehrliches Feedback. Wäre es ihm egal, hätte er sich die Mühe nicht gemacht. Ein gewisses Interesse an Ihrem Angebot ist also vorhanden und das ist etwas Gutes!

Außerdem gibt es kaum einen „Verkauf“ ohne Einwände. Nutzen Sie die Gelegenheit des Austauschs mit Ihrem Kunden. Versuchen Sie, seine Bedürfnisse durch die Kritik besser kennenzulernen – Ihr Ziel sollte sein, den Wunsch, der dahintersteckt, zu erkennen. Manchmal muss man etwas um die Ecke denken und offen für Neues sein, um darauf zu kommen.

Bringt Sicherheit: Einige Einwände sollten Sie vorab schon einmal gedanklich durchspielen und sich entsprechende Infos für eine kompetente Antwort zurechtlegen.

Der häufigste Kritikpunkt ist der Preis. Es hilft, wenn Sie dem Kunden dazu einige Informationen liefern können, z. B.:

Erläutern Sie, wie sich der Preis zusammensetzt (nicht die Zahl, sondern der qualitative Wert Ihrer Ware). Dazu gehört z. B. eine besondere Art der Produktion, Lieferung, ist es handgearbeitet usw.?

Zeigen Sie Ihrem Kunden vergleichbare Produkte in verschiedenen Preisklassen und zeigen Sie die Unterschiede auf.

Fragen Sie den Kunden, worauf er verzichten könnte, und suchen Sie dazu das passende Produkt raus.

Ihre Hauptziele sollten immer a) die Zufriedenheit Ihrer Kunden und b) der unternehmerische Erfolg Ihres Unternehmens sein. Denn wenn es Sie nicht mehr gibt, weil Sie das Unternehmen schließen mussten, haben Ihre Kunden auch nichts mehr von Ihren großartigen Produkten. Ziele sind sowieso sehr wichtig für Ihren langfristigen Erfolg. Wenn Sie ein Ziel erreicht haben, können Sie es „abhaken“ und das trägt enorm zu einem guten Arbeitsgefühl bei. Ziele zwingen Sie dazu, sich weiterzuentwickeln und dranzubleiben. Weil Ziele so wichtig sind, besteht eine Hauptaufgabe als Gründer im:

Ziele setzen

Wir verfolgen Ziele in vielen verschiedenen (Lebens-)Situationen. Für das Erreichen der Ziele sind wir selbst zuständig. Wenn das eigene, gesetzte Ziel bekannt ist, mit dem Sie z. B. in ein Verkaufsgespräch gehen, fällt es deutlich leichter, den gewünschten Abschluss zu erreichen, weil Sie zielorientierter und mit dem Willen zu einem positiven Ergebnis vorgehen.

Praxistipp: Erstellen Sie schriftlich eine kleine Zielliste, die Sie immer bei sich tragen. Klingt komisch, hilft aber tatsächlich bei der Umsetzung, weil die Ziele immer bei Ihnen und damit stets im Kopf präsent sind.

Auf der 1a-STARTUP-Homepage finden Sie eine kleine Checkliste, die Ihnen mit einigen gezielten, kurzen Fragen auf den Zahn fühlt. Die Antworten können sich ändern, sobald Sie sich intensiver mit Ihrer eigenen Gründung beschäftigen. Dadurch können Sie Ihre eigene Entwicklung live miterleben und sehen, was Sie alles schon gelernt haben.

Sie werden überrascht sein, wie schnell Sie Erfolge sehen werden und wie viel in Ihnen steckt!

K 6 VOLLZEIT ODER NEBENBERUFLICH GRÜNDEN?

Als angehender Gründer werden Sie sich irgendwann gefragt haben, ob Sie Ihre Geschäftsidee direkt in Vollzeit oder – zumindest zu Beginn – erst einmal nebenberuflich ausüben möchten. Je nach Situation möchten Sie vielleicht zuerst eine gewisse finanzielle Sicherheit behalten und nicht gleich vollständig von Ihrem neuen Unternehmen abhängig sein. Frauen gehen diesen Weg häufiger als männliche Gründer, insgesamt ist der Prozentsatz nebenberuflicher Gründungen in den letzten Jahren stark angestiegen.

Die Gründe für eine Teilzeit-Selbstständigkeit sind vielfältig, wie verschiedene Studien herausgefunden haben:

- Gründung in Teilzeit als Basis für eine spätere Selbstständigkeit im Vollerwerb
- Zum Erproben einer Geschäftsidee
- Sozialversicherung durch den Arbeitgeber
- Geringeres finanzielles Risiko
- Schaffung einer zusätzlichen Erwerbsquelle
- Finanzielle Absicherung
- Nutzen/Ausbauen von persönlichen Fähigkeiten

Für eine Vollzeit-Selbstständigkeit sprechen:

- Volle Konzentration auf das eigene Unternehmen
- Keine Doppelbelastung
- Mehr Zeit für Weiterentwicklung
- Mehr Flexibilität in Hinblick auf Markterfordernisse
- Durchgängige Erreichbarkeit für Kunden und Kundenwünsche

Beide Varianten haben Vor- und Nachteile und Ihre Entscheidung bestimmt maßgeblich, in welchem Tempo und welchem Umfang Ihr Unternehmen wachsen wird. Es lohnt sich also, diese Frage frühzeitig zu klären und in Ruhe zu überlegen, was für Sie der beste Weg ist.

Vorteile einer nebenberuflichen Existenzgründung:

Sie können erst einmal testen, ob Ihre Geschäftsidee über ausreichend wirtschaftliches Potential für eine hauptberufliche Selbstständigkeit verfügt. Das Scheiterrisiko ist geringer, da dem gegenüber u. U. ein gesichertes Arbeitseinkommen steht.

Sie können sich mit der Entwicklung zur Vollerwerbsgründung mehr Zeit lassen bzw. – falls es Ihre persönliche Situation erfordert – weniger Zeit investieren (dafür dauert es dann länger).

Bei (drohender) Arbeitslosigkeit kann die nebenberufliche jederzeit in eine hauptberufliche Selbstständigkeit umgewandelt werden.

Natürlich können Sie durch die nebenberufliche Selbstständigkeit auch Ihr bisheriges Arbeitseinkommen erhöhen.

Sie können sich in Ruhe ein Netzwerk aufbauen, das Ihnen den Schritt in eine eventuelle hauptberufliche Selbstständigkeit erleichtern wird.

Falls es doch zu finanziellen Rückschlägen kommt, können Sie kleinere Schuldenbeträge über Ihr Gehalt abbezahlen.

Wenn Sie hauptberuflich angestellt bleiben, sind die teuren Beiträge für die Sozialversicherungen hierüber bereits abgegolten. Wichtig: Beachten Sie aktuelle Grenzen und informieren Sie sich bei Ihrer Krankenkasse.

Nachteile einer nebenberuflichen Existenzgründung

Unterschätzen Sie nicht die Doppelbelastung durch die nebenberufliche Tätigkeit. Vielleicht haben Sie dadurch erheblich weniger Zeit für Familie, Freunde und Hobbys.

Prüfen Sie vorher, ob die zur Verfügung stehende Zeit ausreicht, um erfolgreich selbstständig im Nebenerwerb zu sein.

Bei Kunden, Partnern und Lieferanten kann eine nebenberufliche Selbstständigkeit nachteilig ausgelegt werden. Sie könnten denken, dass Sie nicht recht an den Erfolg Ihrer Geschäftsidee glauben, um sie auf hauptberuflicher Basis zu betreiben bzw. man könnte Ihnen unterstellen, „nicht ganz bei der Sache" zu sein.

Aufgrund Ihrer Hauptbeschäftigung könnten Sie zeitlich weniger flexibel agieren, um auf dringende Kundenwünsche zu reagieren. Ebenfalls könnte Ihnen die Flexibilität in Hinblick auf wichtige Markterfordernisse fehlen.

Selbstständigkeit im Nebenberuf: Beziehen Sie Ihren Arbeitgeber mit ein.

Generell sollten Sie vorher mit Ihrem Arbeitgeber sprechen, wenn Sie sich für eine Gründung im Nebenerwerb entschieden haben. Wenn Sie im gleichen oder ähnlichen Bereich gründen möchten, wird Ihre Mitteilung auf keine große Freude stoßen. Unter Umständen steht sogar eine entsprechende Wettbewerbsklausel in Ihrem Arbeitsvertrag – dies sollten Sie dringend prüfen. Besteht eine solche Klausel, ist eine nebenberufliche Gründung nicht möglich, solange Sie sich im Angestelltenverhältnis in diesem Unternehmen befinden. Gibt es keine solche Klausel, ist die Genehmigung durch Ihren Arbeitgeber eine reine Formsache, solange der Hauptjob unter Ihrer Nebentätigkeit nicht leidet.

Wenn Sie Ihren Arbeitgeber frühzeitig ins Boot holen, wird er Ihnen später vielleicht wohlgesonnener sein, wenn Sie z. B. einmal früher Feierabend machen müssen, um sich um Ihr Business zu kümmern. Vielleicht hat er sogar Tipps für Sie oder kann Ihnen wertvolle Kontakte vermitteln. Wenn Sie keine Konkurrenz darstellen, haben Sie gute Chancen, in Ihrem Chef eine wichtige Unterstützung zu haben. Natürlich geht Ihre eigentliche Tätigkeit vor, während der Arbeitszeit sollten Sie es tunlichst vermeiden, sich um Ihre Selbstständigkeit zu kümmern. Je zuverlässiger und professioneller Sie sich in Ihrem Job verhalten, desto positiver wird Ihr Arbeitsumfeld mit Ihrer Selbstständigkeit umgehen. Ein weiteres Plus: Kollegen sind potenzielle Kunden und Multiplikatoren. Dadurch, dass sie Sie bereits kennen, haben Sie einen großen Vorteil gegenüber Mitbewerbern. Aber auch hier gilt Vorsicht: Übertreiben Sie es nicht und konzentrieren Sie sich in Ihrer Haupttätigkeit auf Ihre eigentlichen Aufgaben.

Gibt es bei der Gründung Unterschiede?

Für die Anmeldung einer nebenberuflichen Tätigkeit gelten formal die gleichen Anforderungen wie bei einer vollen Existenzgründung. Ganz wichtig: Sie sollten auch Ihre Gründung im Nebenerwerb unbedingt mit einem professionellen Businessplan vorbereiten! Erstens kann man sowieso keinen halben Businessplan erstellen, zweitens möchten Sie auch als nebenberuflicher Unternehmer geschäftlichen Erfolg erzielen und drittens möchten Sie das Ganze irgendwann hauptberuflich angehen. Und spätestens da ist ein solider Businessplan unerlässlich. Bereiten Sie sich sorgfältig vor, denn Zeitdruck haben Sie als nebenberuflicher Gründer in der Regel nicht.

Sollten Sie sich aus der Arbeitslosigkeit heraus für eine Selbstständigkeit im Nebenerwerb entschließen, gilt aktuell ein Freibetrag von 165 Euro. Alles, was Sie darüber hinaus erwirtschaften, wird von Ihrem Arbeitslosengeld abgezogen.

Übrigens: Sobald Sie einen Mitarbeiter beschäftigen, gilt Ihre Selbstständigkeit als Haupterwerb. Auch sollten Sie für Steuerfragen von Beginn an einen Steuerberater hinzuziehen. So vermeiden Sie Nachteile, Nachzahlungen oder andere böse Überraschungen.

Bitte mehr Selbstbewusstsein

Es gehört viel Selbstdisziplin dazu, sich neben der hauptberuflichen Arbeit selbstständig zu machen. Gerade bei der Kombination aus Arbeit, Privatleben und dem Firmenaufbau mit begrenztem Zeitbudget zeigt sich oft, wie effektiv etwas erarbeitet werden kann, wenn die Ressourcen gut ausgeschöpft werden. Seien Sie stolz auf sich, wenn Sie zu den Teilzeit-Selbstständigen gehören, denn das ist eine große Leistung. Werten Sie sich gegenüber Vollzeit-Unternehmern nicht ab. Ihre Aufgaben sind viel umfangreicher und vielseitiger, Sie müssen deutlich flexibler sein und sich besser organisieren, um alles unter einen Hut zu bringen. U. U. nutzen Sie sogar Ihre komplette Freizeit und Ihren Urlaub für Ihr Unternehmen – auch wenn dies auf Dauer nicht ratsam ist. Schaffen Sie sich immer ausreichend Raum und Zeit für Erholung und um die nächsten Schritte in Ruhe zu planen.

> ***„Erfolg hat drei Buchstaben: TUN."***

Aus persönlicher Sicht ist die Beantwortung der Frage „Gründung im Neben- oder Hauptberuf?" eine Medaille mit zwei Seiten und allgemein schwer zu beantworten.

Wenn Sie Ihre Selbstständigkeit vorsichtshalber mit einem „Vortest" beginnen möchten, kann das durchaus Sinn machen. Manche Lebenssituationen erlauben keinen kompletten Sprung ins kalte Wasser. Vielleicht sind Sie auch einfach eher der Typ, der es langsam angehen lassen möchte und erst einmal sehen will, wo das Ganze hinführen könnte. Aus Erfahrung kann ich sagen, dass Gründer mindestens 3 Jahre „durchhalten" sollten, um realistisch abschätzen zu können, ob ein Unternehmen erfolgreich sein wird. So lange dauert es in der Regel, bis sich Abläufe eingespielt haben, das Unternehmen bei Kunden bekannt ist und Investitionen sich auszahlen. Beantworten Sie ganz ehrlich diese Frage: Können Sie die Doppelbelastung aus Haupt- und Nebentätigkeit 3 Jahre lang oder mehr stemmen?

Alles unter 3 Jahren ist kaum als repräsentativ zu bezeichnen, d. h. dass Sie keine Garantie für langfristigen Erfolg haben, wenn Sie es nur kurze Zeit probieren. Sie müssen Ihrer Geschäftsidee eine gewisse Zeit einräumen, sich zu entwickeln. Nur dann können Sie wirklich abschätzen, ob Ihr Unternehmen auch in Vollzeit funktioniert und wachsen wird.

Es kann also in bestimmten Situationen sinnvoll sein, sich für die ersten Jahre für eine nebenberufliche Gründung zu entscheiden. Sie alleine wissen, was Sie zu leisten bereit sind und wie Ihre Kapazitäten sind.

Pluspunkt Lebenserfahrung

Vermutlich sind Sie schon seit einigen Jahren als Angestellter tätig und kennen Ihren Arbeitgeber gut. Sie kennen die Regeln in Ihrem Job, alle Vor- und Nachteile. Sie wissen auch, wie viel Zeit Sie persönlich für Ihre Familie oder für Freizeitgestaltung benötigen. Hinzu kommt, dass Sie im Freundes- und Bekanntenkreis vielleicht schon Gründungen miterlebt haben und von den Erfahrungen anderer Unternehmer profitieren können. Auch Ihre finanziellen Bedürfnisse sind Ihnen jetzt klarer als zu Beginn Ihres Berufslebens. Sie wissen, wie viel Geld am Ende des Monats da sein muss, um alle Kosten decken zu können und können daher beurteilen, welches Risiko Sie eingehen können. Nicht zu vernachlässigen ist Ihr Umgang mit schwierigen Situationen und Krisen. Sie lassen sich nicht so schnell entmutigen und wissen, dass auch solche Phasen vorübergehen und man jede Krise auch als Chance sehen kann – aktuell gilt das z. B. auch für die Pandemiesituation, die viele Menschen zurecht als Chance für eine berufliche Selbstständigkeit nutzen.

Verlassen Sie sich bei Ihrer Entscheidung „haupt- oder nebenberuflich gründen“ a) auf die Fakten in Ihrem Businessplan und b) auf Ihre eigene Einschätzung. Beziehen Sie Ihre Familie mit in den Entscheidungsprozess ein, denn sie wird ggf. auch von Ihrer Entscheidung beeinflusst. Weniger Zeit, Urlaub, dafür mehr Verantwortung und Druck – damit sollten alle Beteiligten einverstanden sein. Ansonsten droht an dieser Stelle Ungemach und das wird Sie immer wieder einholen, ausbremsen oder sogar von einer erfolgreichen Unternehmerkarriere abhalten.

Sie sollten sich übrigens nicht scheuen, professionelle Unterstützung hinzuzuziehen, auch wenn Sie noch ganz am Anfang Ihrer Überlegungen stehen. Im Austausch mit einem Existenzgründungsberater erhalten Sie neue Impulse und können Ihr Vorhaben von allen Seiten beleuchten. Darüber hinaus können Sie Ihr Risiko und Ihre Chancen besser einschätzen, sodass Ihnen die Entscheidung letztendlich leichtfallen wird.

> ***„Du kannst keinen Tag deiner Vergangenheit ändern aber jeden Tag deiner Zukunft.“ (Redewendung)***

K 7 GRÜNDEN 45PLUS – WAS IST ANDERS?

7.1 STARTVORTEILE ÄLTERER GRÜNDERINNEN UND GRÜNDER

Neben vielen Zweifeln, die ältere Gründer hegen, ob eine Selbstständigkeit „noch" das richtige ist, gibt es eine Vielzahl nicht zu unterschätzender Vorteile, die angehende Unternehmer aufgrund ihrer Lebenserfahrung automatisch mitbringen.

> ***„Die Jungen können zwar schneller rennen – aber die Älteren kennen die Abkürzungen." (Redewendung)***

Lebenserfahrung

Aufgrund ihrer sowohl privaten als auch beruflichen Lebenserfahrung gehen ältere Existenzgründer in der Regel besonnener und mit klarerem Ziel vor Augen ans Werk. Gerade die Erfahrungen, die innerhalb der Familie gesammelt werden und die damit verbundenen überstandenen Höhen und Tiefen geben älteren Gründern eine besondere Art von Gelassenheit. Zudem sind sie eher bereit, einen kritischen Blick auf das eigene Handeln zu werfen, ohne dass das Selbstbewusstsein darunter leidet. Sich selbst zu hinterfragen, muss man lernen und dafür braucht man Lebensjahre. Das hilft schon bei der Frage: Gründen – ja oder nein? Denn dort müssen Chancen und Risiken realistisch eingeschätzt werden, mit der nötigen Mischung aus Distanz und Begeisterung. Weil ältere Gründer sich selbst mit allen Stärken und Schwächen besser kennen als jüngere Existenzgründer, begehen sie in der Regel weniger Fehler, die aufgrund falscher Entscheidungen entstehen. Das umsichtigere Verhalten kommt auch im Umgang mit Geld – eigenem oder geliehenem – zum Tragen, z. B. wenn es um die Einschätzung einer realistischen Rückzahlung geht. Zu guter Letzt besitzen ältere Gründer eine höhere soziale Kompetenz, was sich im Umgang mit anderen Menschen positiv auswirkt. All diese Eigenschaften entstehen im Lauf des Lebens und mit jedem Jahr mehr Lebenserfahrung kommen neue Fähigkeiten hinzu.

Berufs-/Branchenerfahrung

Im Gegensatz zu einem Berufsanfänger, der gerade seine Ausbildung oder ein Studium beendet hat, verfügen ältere Gründer meist über einen großen Schatz an Berufserfahrung. Gründer, die lange Zeit oder ausschließlich in einer Branche gearbeitet haben, konnten eine Menge an Wissen erwerben, das erst mit der Zeit erlernt werden kann. Sie kennen Abläufe von A bis Z, haben Entwicklungen miterlebt und sind auch handwerklich deutlich voraus. Diejenigen älteren Existenzgründer, die in verschiedenen Branchen tätig waren und einige Arbeitgeber durchlaufen haben, kennen sich gut mit verschiedenen Strukturen und Führungsstilen aus. All diese Kenntnisse befähigen ältere Gründer dazu, ihre eigenen Stärken besser einschätzen zu können und weniger Probleme z. B. bei den Themen Arbeitsorganisation und Motivation zu haben. Sie können schneller und einfacher Entscheidungen treffen und vermeiden aufgrund ihrer Erfahrung viele Anfängerfehler. Wer seine Fähigkeiten realistisch einschätzen kann und den Markt kennt, tut sich leichter etwa mit der Preisgestaltung oder damit, Nischen zu erkennen. Zu guter Letzt spielt das Thema Alter auch eine Rolle, wenn es um den steigenden Markt der „Silver Ager" geht – also älteren Kunden, die bereit sind, Geld für gute Produkte auszugeben. Wenn Sie und Ihre Kunden ungefähr gleich alt sind und miteinander „altern", können Sie sich in ihre Bedürfnisse optimal hineinversetzen und ihre Zielgruppe gut einschätzen. Viele Kunden, egal welchen Alters, bevorzugen die Beratung durch eine ältere Person, da diese seriöser, ehrlicher und kompetenter wirkt. In manchen Branchen kann dies den USP (Unique Selling Point = Alleinstellungsmerkmal) für Sie bedeuten.

Führungserfahrung

Wenn Sie lange irgendwo arbeiten, übernehmen Sie in der Regel mit der Zeit mehr und mehr Verantwortung – für Vorgänge, Prozesse oder sogar Mitarbeiter. Zudem haben Sie mitunter verschiedene Führungsstile erlebt und wissen, was Sie übernehmen und was Sie auf jeden Fall vermeiden möchten. Dadurch haben Sie sich mit dem Thema schon auseinandergesetzt, noch bevor Sie überhaupt eine leitende Rolle einnehmen. Nicht ganz unwichtig ist auch die Verantwortung, die Sie innerhalb der Familie in den letzten Jahren übernommen haben. Konflikte lösen, Ursachen erkennen, verschiedene Ansichten vereinen, Kompromisse finden, das letzte Wort haben ... all diese Dinge haben Sie innerhalb der Familie seit Jahren trainiert und bringen damit einen riesigen Vorteil gegenüber jüngeren Gründern mit. Auf Ihre Fähigkeiten, zu organisieren, zu vermitteln und zu entscheiden, können Sie in Ihrem Unternehmen zurückgreifen, wann immer Sie sie benötigen. Und es kommen ständig neue Erfahrungen hinzu.

Netzwerk/verwertbare Kontakte

> *„Beziehungen schaden nur dem, der sie nicht hat."*
> *Klaus Klages*

Mit jedem Lebens- und Berufsjahr sammeln Sie mehr Kenntnisse über Ihre Branche, Ihren Markt, Ihre Konkurrenz und wertvolle Kontakte, die zu einem Netzwerk geworden sind. Dieses Netzwerk ist Ihr Schlüssel zu Kunden, zu Kooperationspartnern und vor allem Wissen. Gute Kontakte sind Gold wert, denn nichts ist wertvoller als eine Empfehlung von jemandem, dem Sie vertrauen, weil Sie ihn kennen. Das geht in die eine Richtung – wenn Sie eine Empfehlung oder einen Rat bzgl. beispielsweise eines Lieferanten benötigen. Und in die andere Richtung, wenn man Sie und Ihr Angebot weiterempfiehlt. Da Sie vielleicht viele Jahre in einer Branche angestellt waren, sind Ihre Leistung und Ihre Fachkenntnis bekannt und das wirkt wie ein Katapult auf Ihren Firmenstart. Vergessen Sie auch nicht Ihr privates Netzwerk, bestehend aus Freunden, Bekannten, Kollegen, Nachbarn, Vereinsfreunden, Eltern von befreundeten Kindern, andere Eltern im Kindergarten und und und. All diese Menschen können Sie mit wenig Aufwand über Ihr neues Business informieren. Darüber hinaus kennt und schätzt man Sie und wird das positive Bild von Ihnen weitergeben. Ein solides Netzwerk hilft Ihnen auch ganz praktisch, z. B. wenn es um eine Vertretung für Sie geht oder um Hilfe beim Organisieren von Beruf und Familie.

Eigenkapital und Sicherheiten

In der Regel haben ältere Gründer bereits einige Rücklagen bilden können und bringen mehr Eigenkapital mit als Berufseinsteiger. Das nimmt mitunter etwas Druck aus der Anfangsphase und zudem lassen sich wichtige Anschaffungen ohne externe Finanzierungen tätigen. Die Gefahr der Verschuldung ist geringer, jedoch sollte auch mit etwas mehr finanziellem Spielraum direkt auf eine solide Kalkulation durch Umsatz gesetzt werden. Falls doch ein Kredit aufgenommen werden soll, gilt es, einige Dinge zu beachten. Mehr zum Thema Kredit finden Sie in Kapitel 14.

Umgang mit schwierigen Situationen

Durch die größere Lebenserfahrung setzen ältere Existenzgründer oftmals andere Prioritäten und gewichten Schwerpunkte anders als jüngere Gründer. Besonders im Umgang mit schwierigen Situationen und Hürden – bestes Beispiel ist die aktuelle Corona Krise – bringen ältere Gründer mehr Gelassenheit mit. Sie wissen, wann es wirklich kritisch wird und Handlungsbedarf besteht und wann es sich lediglich um eine schwierige kurze Phase handelt, in der es vor allem Ruhe zu bewahren gilt. Ähnliches gilt für den Umgang mit schwierigen Kunden, Mitarbeitern, Partnern etc. Die jahrelange soziale Kompetenz, die Sie im Laufe Ihres Lebens erworben haben, kann man mit Geld nicht kaufen. Nutzen Sie dieses Plus, um Ihr Unternehmen bekannt und erfolgreich zu machen.

7.2 TYPISCHE PROBLEME BEI DER GRÜNDUNG

Startkapital

Ältere Gründer verfügen normalerweise über mehr Eigenkapital, da sie länger Zeit hatten, Rücklagen zu bilden. Wenn zu Beginn trotzdem ein Kredit benötigt wird, liegt dieser oftmals nicht höher als 20.000 Euro, viele benötigen nur 5 oder höchstens 10.000 Euro. Rücklagen können auch durch Abfindungen des letzten Arbeitgebers entstehen, allerdings sind Sparbeträge bei längerer Arbeitslosigkeit oder beim Wiedereinstieg nach einer familiär bedingten Pause schnell aufgebraucht.

Finanzierung

Das scheinbar paradoxe ist oft: Je kleiner der Kredit ist, den Sie benötigen, desto geringer ist die Gewinnmarge für die Bank. Der Aufwand der Prüfung ist höher als der zu erwartende Ertrag. Das

Ergebnis kann ein abgelehnter Kreditantrag sein. Ein weiterer Grund, Ihre Finanzierungsanfrage abzulehnen, ist – man muss es offen sagen – Ihr Alter. Banken stufen Gründungen ab etwa dem 50. Lebensjahr des Gründers als risikoreicher ein. Zum einen deshalb, weil man davon ausgeht, dass weniger Zeit bleibt, um einen Umsatz zu generieren, der die volle Rückzahlung des Kredites ermöglicht. Zum anderen aufgrund der weniger bleibenden aktiven Unternehmerjahre, auch hier sehen die Banken oft eine planmäßige Tilgung als ungewiss. Hinzu kommt das Risiko häufigerer, langwieriger und schwererer Erkrankungen und damit einhergehende Ausfallzeiten usw. Wenn Sie als älterer Gründer zudem (längere Zeit) vor der Gründung arbeitslos waren, senkt das Ihre Chancen auf einen Förderkredit (leider) zusätzlich. Alles in allem ist das aber vom jeweiligen "Einzelfall" abhängig.

Fehlendes oder rückständiges Fachwissen

Je nach Branche, in der Sie bisher tätig waren und je nach Tätigkeit bringen Sie vielleicht nicht die neuesten kaufmännischen und betriebswirtschaftlichen Kenntnisse mit, die Sie für einen gelungenen Start benötigen. Vor allem, wenn Sie eine längere Pause gemacht haben oder arbeitslos waren, müssen Sie sich gründlich wieder auf den neuesten Stand bringen, wenn Sie dieses Feld selbst regeln wollen. Ganz wichtig: Wenn Sie mit Computer und Internet/Sozialen Medien u. Ä. lange oder bisher noch überhaupt nicht gearbeitet haben, müssen Sie sich dieses Wissen unbedingt aneignen. Selbst wenn Sie bestimmte Aufgaben delegieren, sollten Sie ein gewisses Grundwissen selbst mitbringen.

Starke Belastung auf vielen Ebenen

Es kommt nicht selten vor, dass ältere Gründer ihre eigenen Kräfte und Kapazitäten überschätzen und sich übernehmen. Oft schätzen sie die psychischen und physischen Anforderungen einer beruflichen Selbstständigkeit nicht richtig ein und stoßen schnell an Grenzen, die sie vorher gar nicht kannten. Als Gründer muss man häufig reagieren und entscheiden, man muss ein hohes Maß an

Flexibilität mitbringen, um die erste aufregende Zeit zu meistern. Ständig treten Veränderungen ein, man kann wenig planen, Sicherheit fehlt – das kann ältere Gründer verunsichern. Hinzu kommen die vielen unterschiedlichen Aufgaben, die zeitgleich erledigt werden müssen und dann muss man sich auch noch in seine neue Rolle als Unternehmer einfinden. Klare Vorgaben wie zu Angestelltenzeiten gibt es nicht mehr. Wenn man jetzt etwas vergisst oder eine falsche Entscheidung trifft, muss man die Konsequenzen an vorderster Front abfangen. Wie organisiere ich meinen Arbeitstag? Wie sorge ich für ausreichend Ausgleich? Diese Fragen sind für ältere Gründer manchmal schwieriger zu beantworten, da sie als Angestellte längere Zeit in relativ engen Strukturen gearbeitet haben.

Prioritäten setzen und Zeit einteilen

An Rücklagen und Eigenkapital mangelt es älteren Gründern häufig nicht, dafür an Zeit. Die Familie benötigt Ihre Aufmerksamkeit und Sie haben dadurch weniger Zeit, sich mit den wichtigen Themen rund um Ihre Gründung zu beschäftigen. Sie sind eingespannt damit, die Kinder zum Sport oder zu Freunden zu fahren, Ihr Partner ist ebenfalls berufstätig und kann Sie kaum entlasten und vielleicht pflegen Sie auch noch ältere Angehörige. Diese Mehrfachbelastung bekommen vor allem Frauen zu spüren, was sie oft von einer Existenzgründung abhält. Wenn Sie dann noch eher ländlich leben, kommen u. U. längere Wege hinzu, was Ihnen zusätzlich Zeit raubt. Bei all der Lebenserfahrung, die Sie durch Ihre Verpflichtungen sammeln, ist die Belastung durch Stress und Zeitmangel nicht zu unterschätzen. Ohne das Setzen von Prioritäten, Delegieren von Aufgaben und einer realistischen Organisation scheitern ältere Gründer schnell an Überlastung und schlichtweg fehlender Zeit, sich um die essenziellen Dinge zu kümmern.

Angst vor dem Scheitern/Versagensängste

Laut GEM (Global Entrepreneurship Monitor) Länderbericht Deutschland liegen wir Deutsche bei der Angst vorm Scheitern international auf Platz 1. Die Angst, beruflich zu versagen, ist in jeder Altersklasse sehr hoch, egal ob junger oder älterer Gründer. Viele verzichten lieber auf eine Gründung, weil sie Angst haben, zu scheitern und damit ein vermeintlich schlechtes Bild nach außen abzugeben. Den Mut, ins kalte Wasser zu springen und ein gewisses Risiko einzugehen, bringen wir also etwas schwerer auf. Das Bild, das jemand, dessen Unternehmen gescheitert ist, grundsätzlich im Leben versagt hat, ist noch stark verbreitet. Je mehr Gründungen es jedoch gibt und je „normaler" gescheiterte Gründer mit dem Thema umgehen, desto stärker wird diese Angst in den kommen Jahren abnehmen. In den USA beispielsweise klopft man gescheiterten Unternehmern, die sich wieder aufgerappelt haben, anerkennend auf die Schulter – ganz nach dem Motto: Hut ab für Deinen Mut. Du hast etwas daraus gelernt und es beim zweiten Mal besser gemacht.

Quelle: Bundesministerium für Wirtschaft und Energie (Hrsg.). Existenzgründungen im besten Alter. Gründer Zeiten 19.

7.3 PROBLEMFRAGEN

Altersvorsorge

Sie können, wenn Sie während Ihrer Angestelltenzeit Rentenansprüche erworben haben, als freiwilliges Mitglied oder über die Versicherungspflicht auf Antrag in der gesetzlichen Rentenversicherung bleiben, wenn Sie ein Unternehmen gegründet haben. Dies ist ratsam, wenn Sie bereits viele Jahre eingezahlt haben. Bei der Deutschen Rentenversicherung und den Verbraucherzentralen informiert man Sie darüber, welche Mitgliedschaft für Sie die richtige ist, falls Sie sich unsicher sind. Wenn Sie sich gegen die gesetzliche Rentenversicherung entscheiden, ist es ratsam, neben einer privaten Altersvorsorge auch eine private Berufsunfähigkeitsrente in Betracht zu ziehen. Wichtig: Einige Selbstständige sind verpflichtet, Mitglied der gesetzlichen Rentenversicherung zu sein, z. B. Hebammen, Lehrer, Künstler, Handwerker, Publizisten und Selbstständige mit einem Auftraggeber. Das Sozialgesetzbuch VI enthält in § 2 eine vollständige Liste.

Pfändungsschutz

Grundsätzlich gilt: Es gibt keine Versicherung, die im Fall des Scheiterns alles abdeckt. Wenn Sie keine Umsätze machen und Ihnen das Geld ausgeht, drohen Mahnungen und im schlimmsten Fall Pfändungen durch Ihre Gläubiger. Sollte Ihr Girokonto von Pfändung bedroht sein, sollten Sie es bei Ihrer Bank in ein sogenanntes P-Konto (Pfändungsschutz-Konto) umwandeln lassen, um wenigstens die wichtigsten laufenden Kosten decken zu können. Wichtig: Ihre Altersvorsorge ist vor Pfändung geschützt, das betrifft insbesondere Lebensversicherungen, private Rentenversicherungen, Fonds und Banksparpläne sowie Renten aus steuerlich geförderten Altersvorsorgevermögen. Alle Geschäftsführer einer GmbH, die in der gesetzlichen Rentenversicherung versichert sind, brauchen eine Pfändung ihrer zusätzlichen privaten Altersvorsorge ebenfalls nicht zu befürchten. Bedingung dafür ist, dass das angesparte Kapital unwiderruflich eingezahlt wurde, um ausschließlich für Lücken im Alter vorzusorgen. Es gelten darüber hinaus weitere Beitragsgrenzen und Bedingungen, die Sie z. B. bei den Verbraucherzentralen erfragen können.

Selbstständigkeit und Rente

Sie können als selbstständiger Unternehmer, wenn Sie die Regelaltersgrenze erreicht haben, ohne Einschränkungen zu Ihrer Rente hinzuverdienen. Sollten Sie eine Rente wegen voller Erwerbsminderung, eine Altersrente vor Erreichen der Regelaltersgrenze oder eine Knappschaftsausgleichsleistung (KAL) beziehen, liegt die maximale Grenze dessen, was Sie hinzuverdienen dürfen, z. Zt. bei 450 Euro brutto/Monat. Wenn diese Grenze überschritten wird, können sowohl die Rente wegen voller Erwerbsminderung als auch die Altersgrenze nur noch in Teilen ausgezahlt werden. Hier lohnt es sich, genau nachzurechnen.

Arbeitslosenversicherung

Besonders für Gründer, die vor der Selbstständigkeit bereits mehrere Jahre in die Arbeitslosenversicherung eingezahlt haben, lohnt es sich meistens, sich weiterhin in der Arbeitslosenversicherung zu versichern und die Versicherungspflicht auf Antrag zu wählen. Den entsprechenden Antrag müssen Sie innerhalb von drei Monaten nach Gründung stellen. Wenn Sie diese Frist einhalten, sind Sie weiterhin im Fall von Arbeitslosigkeit versichert und zahlen bis Ablauf des ersten Kalenderjahres nur die Hälfte des Regelsatzes.

Erkundigen Sie sich unbedingt, welche Höhe sich damit absichern lässt, denn dies ist eine andere (i.d.R. geringere) als das Arbeitslosengeld.

7.4 NO GO'S: UNBEDINGT VERMEIDEN

Trotz aller Lebens- und Berufserfahrung gibt es ein paar typische Fallen, in die Sie nicht tappen sollten. Auch wenn Sie in einem Bereich oder in einer Branche gründen, in der Sie viele Jahre im Angestelltenverhältnis gearbeitet haben, ist die eigene Gründung und das eigene Tun noch einmal etwas ganz anderes.

Daher – Sie haben es sicher schon geahnt: Gründen Sie nicht unvorbereitet!

Mit einem ausgearbeiteten Businessplan haben Sie sich – im Idealfall – einen Fahrplan erarbeitet und wissen ganz genau, wie Sie Ihr eigenes Unternehmen zielgerichtet und planvoll aufbauen, ohne Zeit und Geld an der falschen Stelle zu investieren. Der Businessplan sollte ganz klar Ihre Zielorientierung verfolgen, d. h. formulieren Sie für sich deutlich, was Sie erreichen möchten, möglichst mit einem genauen Zeit- und Ablaufplan. Prüfen, recherchieren und analysieren Sie sorgfältig, ob der Bedarf für das, was Sie am Markt anbieten möchten, auch tatsächlich vorhanden ist. Die bloße Annahme reicht hier nicht aus, versuchen Sie eine realistische Einschätzung vorzunehmen, um etwas Sicherheit zu erlangen. Um eine Dienstleistung oder ein Produkt zu vermarkten, ist es wichtig, sich ganz genau darüber klar zu werden, warum ein Kunde Ihr Angebot kaufen oder konsumieren soll. Ein gewisses Marketingverständnis, genau dieses Wissen dann zu transportieren, wäre ideal.

Wenn Sie Investitionen vornehmen müssen, egal ob aus eigenen Rücklagen oder mittels einer Finanzierung, durchdenken Sie ganz genau, wie hoch der tatsächliche, sinnvolle Bedarf ist. Planen Sie dabei nach Möglichkeit nicht ohne (finanzielle) Reserven. Wenn Sie zusätzlich eine Finanzierung benötigen, planen Sie ausreichend Zeit für die Bearbeitung ein, von der Antragstellung bis zur Auszahlung. Beginnen Sie Ihren Businessplan nicht mit der Beantwortung der Frage „ob es sich rechnet". Sie können das Pferd nicht von hinten aufzäumen. Es müssen erst alle Fakten genau im Businessplan erarbeitet und erörtert werden, denn die bilden die Grundlage zur Beantwortung genau dieser Frage, bevor es ans Zahlenwerk und Ihre Kalkulation geht. Rechnen Sie ruhig auch einmal den Worst Case-Fall durch bzw. etwas schlechtere Zahlen als Umsatzerlöse. Bei allem positiven Denken ist es ratsam, zu wissen und abzuwägen, ob Sie das im schlimmsten Fall auch mental „aushalten" können. Sogenannte „Schönwetterkonzepte" machen zwar gute Laune, aber ein fehlendes Risikomanagement kann aus Schönwetter auch ganz schnell Schietwetter machen.

Wenn Sie in einem Bereich gründen, der schon immer ein Traum für Sie war, z. B. ein eigenes Café zu eröffnen, aber selbst keine Qualifikationen aus dem Gastronomiebereich mitbringen, noch nie selber hinter der Theke gestanden haben, sollten Sie sich vorher einen (wenigstens kleinen) Erfahrungsschatz aneignen, etwa durch ein Praktikum oder einen passenden Kurs. Das gibt Ihnen Sicherheit und Ihren Kunden vermittelt es Seriosität.

Wenn Sie (vermeintlich günstige) Angebote aus dem Internet nutzen möchten, beispielsweise zur Erstellung einer Website, Verfassen von Werbetexten, Prüfung Ihres Businessplanes oder Marketingberatung, prüfen Sie das Angebot genauestens auf Seriosität. Gerade hinter besonders lukrativ erscheinenden Lockangeboten mit dem Versprechen schnell, gut und günstig zu sein, stecken nicht selten eher die eigenen Anbieterinteressen als die der Auftraggeber. Prüfen Sie Referenzen und die Zufriedenheit bisheriger Kunden, soweit das möglich ist. Vorsicht – auch die können „präpariert“ sein. Oder telefonieren Sie doch einfach mal mit diesem Anbieter oder googeln nach ihm. Bedenken Sie immer, dass keiner „umsonst“ und unter Wert arbeitet. Sie selbst werden Ihre gute Qualität schließlich auch zu einem wertvollen Preis anbieten wollen. Wenn etwas im Vergleich zu günstig ist, leidet letztendlich immer die Qualität darunter und Sie zahlen vielleicht sogar noch drauf. Also: Vergleichen Sie Preise UND Leistung und finden Sie das für Sie beste Angebot.

Sobald Sie selbstständig sind, werden Sie in der Regel ständig von Firmen oder Personen kontaktiert, die Ihnen etwas verkaufen möchten. Besonders beliebt sind die Schreiben der sogenannten „Gewerbeauskunftzentrale“, die vermeintlich einen Datenabgleich machen möchte. Hierbei handelt es sich um eine Masche, Ihnen Geld aus der Tasche zu locken (bis zu 1 TEUR), wenn Sie dem zustimmen, indem Sie die Fragen beantworten und den Bogen ausgefüllt zurücksenden. Vorsicht: Dieser Brief ist nicht wirklich vom Gewerbeamt, sondern eine Abzockmasche. Vernichten Sie diese Nachrichten am besten direkt.

Das Gleiche kann Ihnen passieren, wenn Sie z. B. Ihren Namen beim DPMA (Deutsches Patent- und Markenamt) haben schützen lassen. Auch hier werden gezielt „Neulinge“ angeschrieben und nochmals zur Kasse gebeten. Fatal ist das besonders, wenn die Post erst gar nicht über Ihren Tisch läuft, sondern etwa eine Bürohilfe oder ein Praktikant das alles freundlicherweise schnell für Sie erledigt. Besonders bei Verträgen oder Rechnungen sollten Sie immer einen Blick darauf oder Ihre Mitarbeiter dafür sensibilisiert haben.

Gerade, wenn Menschen anfangen, (endlich) das zu machen, wofür ihr Herz schlägt oder wofür sie brennen, glauben Sie mir: Die Miesmacher oder Negativunker kommen (leider) ganz schnell mit ihren Kassandrarufen um die Ecke. Persönlicher Tipp: Lassen Sie sich davon bloß nicht Ihre Motivation zertrampeln oder gar Angst bereiten. **Vertrauen Sie auf sich und was Sie können.** Verstärken können Sie das nochmal ganz deutlich, indem Sie Ihren Businessplan schreiben und sich mehr zu-/vertrauen.

Beachten Sie eine gewisse Reihenfolge: Fangen Sie nicht im ersten Schritt damit an, eine Website online zu stellen oder stellen zu lassen. Auch das gehört erst eingeleitet, wenn der Businessplan ausgearbeitet ist, um genau zu wissen: Wie muss ich „aussehen", um meinen Kunden das Angebot wirksam schmackhaft zu machen? Wenn Sie ständig Ihr Logo, Ihre Website oder Visitenkarte ändern, macht das keinen besonders professionellen Eindruck. Gehen Sie einen Schritt nach dem anderen und gehen Sie vor allem logisch vor.

> ***„Erfolg ist was folgt, wenn man sich selber folgt."***
> ***(Redewendung)***

Vermeiden Sie chaotische Zettelwirtschaft, behalten Sie den Überblick und versuchen Sie immer, zeitnah die Belege für die Buchführung ordentlich (für den Steuerberater) zu sammeln oder direkt zu verbuchen. Idealerweise gehört auch dieser Teil zu Ihrem ganz normalen (Tages-) Ablauf, dann verschwindet auch das Gefühl der „Ablehnung", sich darum zu kümmern, dass ganz viele Gründer und Selbstständige naturgemäß haben.

Wenn Sie kein kaufmännisches Wissen haben, sollten Sie in jedem Fall mit einem Steuerberater zusammenarbeiten. Damit sollten

Sie aber auch nicht gleich die Verantwortung Ihrer Zahlen komplett aus der Hand geben. Sie müssen jederzeit wissen, wo Sie stehen und auch Ihre BWA (Betriebswirtschaftliche Auswertung) verstehen. Führen Sie im Notfall „Buch" über alle Ein- und Ausgaben, um ein Gefühl für Ihre Zahlen zu bekommen.
Sie müssen auch lernen, dass das Geld in der „Kasse" nicht gleichzusetzen ist mit Ihrem Gewinn. Auch dass die MwSt., die Sie ggf. mit Ihren Rechnungen einnehmen, nicht Ihnen gehört, sondern als durchlaufender Posten an das Finanzamt geht. Nach Saldierung mit der sogenannten Vorsteuer, von der Sie Ihre bezahlten Ausgaben selbstverständlich abziehen durften. Der häufigste Scheitergrund ist noch immer, dass das Geld ausgeht und die Liquidität schwindet. Daher immer daran denken, dass nicht jede Einnahme automatisch komplett zum Ausgeben zur Verfügung steht. Unterschätzen Sie nicht die Anlaufphase, bis das erste Geld tatsächlich fließt und planen Sie risikobewusst.

In meinen Onlineseminaren und meinem Videokurs zur Existenzgründung empfehle ich sowieso immer, von jedem Euro, den Sie einnehmen, einen halben für die Einkommensteuer zur Seite zu legen, die Sie nach der Steuererklärung zahlen müssen (hoffentlich, denn das bedeutet, dass Sie Umsatz generiert haben). Bitte haben Sie keine Angst vor dem Finanzamt! Bisher war es für Sie ganz normal, die Steuer automatisch über Ihre Gehaltsabrechnung abzuführen. Jetzt zahlen Sie selbst und nehmen das Ganze dadurch viel direkter wahr. Ich gratuliere Ihnen, wenn Sie Gewerbesteuer zahlen dürfen – denn dann haben Sie vermutlich erreicht, dass Sie auf einem komfortablen Niveau davon leben können.

Sie können nicht alles alleine schaffen, auch wenn Sie das am Anfang noch glauben: Geben Sie Themen ab, in denen Sie nicht Spezialist sind und dafür selber viel zu lange brauchen, statt effektiv in der Ihnen verfügbaren Zeit Ihr Unternehmen voranzubringen. Dazu können Ihnen dann auch noch Fehler unterlaufen, die Sie am Ende teuer zu stehen kommen. Auch das Halbwissen von „Leidensgenossen", die sich als Experten vorstellen, sollte mit Skepsis betrachtet werden. Sie sind Experte in Ihrem Gebiet – andere eben in ihrem eigenen. Natürlich sollten Sie auch von den Erfahrungen anderer profitieren, die Wahrheit liegt hier in der Mitte. Mit gesundem Menschenverstand und etwas Menschenkenntnis werden Sie auf die richtigen Personen hören.

Wichtig: Haben Sie keine Angst vor neuer Technik und Computern. Das Internet und auch Social Media-Portale sind nicht böse, sondern wichtig und hilfreich für Ihr Unternehmen! Mehr dazu habe ich in Kapitel 17 erklärt. So viel sei schonmal zur Beruhigung verraten: Am Ende des Tages bleibt es ganz alleine Ihnen überlassen, welche, wo und wie viele Informationen Sie preisgeben. Bleiben Sie zuversichtlich und schauen Sie positiv in die Zukunft – Sie hält tolle Dinge für Sie bereit!

> ***Positiv denken = positiv lenken***

K 8 REIHENFOLGE UND MÖGLICHKEITEN EINER EXISTENZGRÜNDUNG

Wenn Sie entschieden haben, sich mit einer Geschäftsidee selbstständig zu machen, haben Sie wahrscheinlich einen der drei folgenden Gedankenwege dorthin beschritten. Entweder möchten Sie sich grundsätzlich selbstständig machen und überlegen erst danach konkret, mit welchem Produkt bzw. mit welcher Dienstleistung Sie ein Unternehmen gründen möchten. Oder Sie haben eine tolle Geschäftsidee, an deren Erfolg Sie fest glauben und aus der Sie eine berufliche Selbstständigkeit machen möchten. Möglichkeit drei: Sie bekommen eine tolle Gelegenheit geboten, z. B. die Übernahme eines Geschäfts oder Franchise-Betriebes und entscheiden sich daraufhin für eine Existenzgründung.

Grundsätzlich kann man die Möglichkeiten einer Existenzgründung so zusammenfassen:

- Neugründung, Errichtung eines Unternehmens
- Übernahme eines bestehenden Betriebes
- Beteiligung an einem Unternehmen
- Geschäftsgründung im Rahmen von Franchising

Sie können dabei:

- Neue Produkte, Verfahren oder Dienstleistungen entwickeln
- Neue Märkte, Zielgruppen, Bezugsquellen erschließen
- In neuen Organisationsformen etc. arbeiten

Ganz wichtig: Klare Vorstellungen sind ausschlaggebend für eine erfolgreiche Gründung. Eine Menge Faktoren, beispielsweise die Geschäftsidee oder Finanzkraft, entscheiden darüber, welcher Ihr Weg wird. Mein persönlicher Rat: Wer keine klare Vorstellung über das Wie und Was hat, sollte sein Vorhaben gar nicht erst antreten und sich mehr Zeit für ein klares Ziel nehmen. Schwierigkeiten bei der Umsetzung Ihrer Vorstellungen gibt es noch genügend – ohne roten Faden ist die Unternehmung von Beginn an zu Chaos und damit zum Scheitern verurteilt. Sie werden sich verzetteln, an Kleinigkeiten hängen bleiben und Fehler machen, die man relativ simpel verhindern kann. Glauben Sie mir: Je gründlicher und organisierter Sie in der (Vor-)gründungsphase vorgehen, desto leichter werden Sie es später haben. Sie werden es sich vielfach danken.

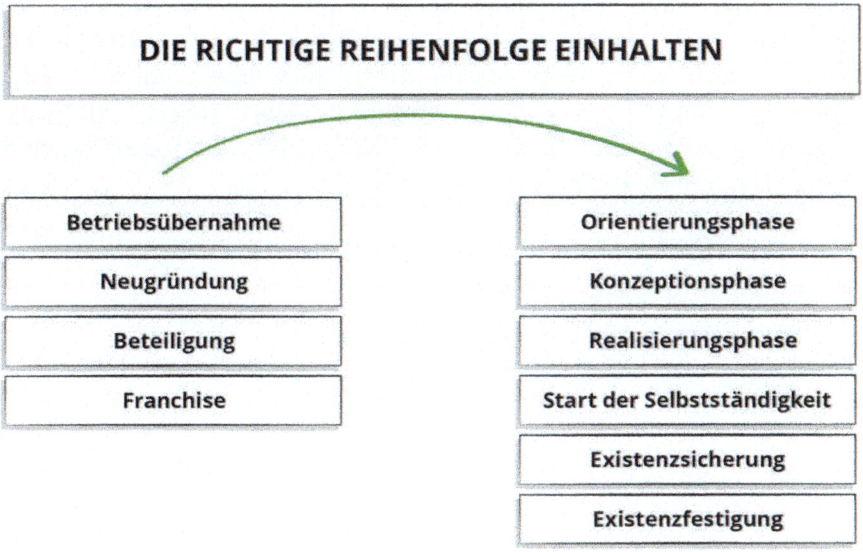

Egal, welche Selbstständigkeit Sie anstreben, die Reihenfolge ist immer die gleiche:

Sie starten mit der Orientierungsphase. In dieser Zeit machen Sie sich sozusagen zum Thema Existenzgründung und Businessplan „schlau“. Mit allen Themen, die dazugehören. Die Dauer dieser Anfangsphase ist unterschiedlich und abhängig von der Größe Ihres Vorhabens. Sie kann durchaus bis zu einem Jahr dauern, etwa wenn eine Finanzierung ansteht und der Businessplan einen großen Umfang hat. Zusätzlich variiert die Dauer der Startphase, je nach Umfang der Kapazitäten, die Sie z. B. während der Arbeitswoche für die Vorbereitung einsetzen können. Im Durchschnitt kann eine Vorbereitung mit 4 Monaten ausreichend sein. Erfahrungsgemäß fangen ältere Gründer mindestens 6 Monate vorher mit den Planungen an, da sie die Zeitspannen verschiedener (bürokratischer) Vorgänge realistischer einschätzen können und wissen, wie schnell sie selbst sind.

Wichtig: Verzetteln Sie sich nicht, wenn es keinen Grund mehr zum Warten gibt. Legen Sie irgendwann selbst den Schalter um und starten Sie Ihr Business. Letztendlich hat man immer das Gefühl, noch nicht „zu Ende informiert“ zu sein. Man kann auch während des laufenden Geschäfts ständig dazulernen, Stichwort „learning by doing“. Bei manchen Dingen ist dies sogar deutlich erfolgreicher als bloße Theorie.

Die Reihenfolge, in der man eine Existenzgründung aufbaut, ist im Grunde ganz einfach:

1. Sammeln, informieren, zusammenstellen
2. Standort der Existenzgründung prüfen
3. Rechtsform bestimmen
4. Konzeption – der Businessplan
5. Fördermittel und Finanzierungshilfen
6. Gewerbeanmeldung Existenzgründung
   (bei Freiberuflern Anmeldung beim Finanzamt)
7. Steuerrecht und Finanzamt
8. Richtig absichern – die passende Versicherung
9. Marketing und Werbung
10. Kundenbindung

Welche Möglichkeiten der Gründung gibt es?

Neugründung

Die häufigste Form und damit die klassische Variante ist die Gründung eines ganz neuen Unternehmens. Das bedeutet, dass Sie ein komplett neues Unternehmen gründen, das Sie von Grund auf aufbauen. Bei dieser Gründungsvariante machen Sie alles neu und beginnen ganz von Anfang an. Sicher, bei null anzufangen bedeutet viel Arbeit. Sie müssen Abläufe entwickeln, Lieferanten finden etc. Dennoch hat es den Vorteil, dass Sie sich hier ganz und gar selbst nach Ihren eigenen Vorstellungen entwickeln und entfalten können.
Für mich persönlich war dies die erste und einzige Wahl, um mit vollem Einsatz und Herzen das zu tun, wofür ich brenne: Andere Menschen bei der Existenzgründung begleiten und beim Trommeln – dem Marketing – zu helfen.

Wenn Sie keine Neugründung eingehen, haben Sie hingegen den Vorteil, dass die Vorbereitungs- und Anlaufzeit verkürzt ist und Sie mit einem bereits bestehenden Geschäftsmodell starten. Das Risiko kann – muss allerdings nicht zwangsläufig – im Vorfeld besser eingegrenzt werden.

Startvorteil Franchise?

Wenn Sie sich für diese Variante entscheiden, sollten Sie sich spätestens dann von einem unabhängigen Fachmann beraten lassen. Nicht jede Franchise-Idee ist ausreichend erprobt und kann gegebenenfalls versteckte Hürden und Risiken beinhalten. Beim Franchising liefert der Franchise-Geber die Idee, das Geschäftsmodell, den Namen, die Marke, das Know-how und einen Großteil des Marketings. Oftmals gibt es zusätzlich verschiedene unternehmensspezifische Aus- und Weiterbildungsmöglichkeiten, die angeboten werden.

Im Gegenzug wird dem Franchise-Nehmer gegen eine Gebühr das Recht eingeräumt, Waren oder Dienstleistungen im Rahmen des

Franchise-Sortiments zu verkaufen. Franchise ist quasi eine Mischung aus Neugründung und Übernahme. In der Regel wird für das, was der Franchise-Geber zur Verfügung stellt, eine regelmäßige Gebühr fällig, die neben den Rechten und Pflichten im Vertrag festgelegt wird.

Vorteile

Sie brauchen sich über eine eigene Geschäftsidee mit allem, was dazugehört, keinen Kopf zu machen. Dadurch, dass Sie mit einem fertigen und erprobten Konzept starten, ersparen Sie sich viele Probleme und Risiken, die eine Neugründung mit sich bringt. Das Franchise-Konzept hat sich in der Regel bereits bewährt und Sie erhalten in vielen Bereichen Unterstützung, etwa durch Schulungen, eine spezielle Ausbildung, Beratung und Werbung.

Nachteile

Dadurch, dass das Konzept starr festgelegte Rahmenbedingungen und Regeln beinhaltet, ist das eigene unternehmerische Handeln und Entscheiden stark eingeschränkt. Zudem verdient der Franchise-Geber für die Nutzung seiner Idee und für seine Unterstützung kräftig mit. Bei Franchise-Systemen, die noch nicht lange am Markt existieren, muss man insbesondere darauf achten, nicht als Testperson zu fungieren.

Wichtig: Sie sollten ganz genau wissen, welche Lizenz- und regelmäßigen weiteren Gebühren auf Sie zukommen (auch z. B. für das Marketing oder Schulungen). Nur so können Sie eine genaue Kalkulation für Ihre Gründung erstellen. Sprechen Sie mit Franchise-Nehmern, die bereits für das Unternehmen tätig sind und fragen Sie nach ihren Erfahrungen. Und seien Sie sicher, dass die Branche, das Sortiment, der Standort usw. wirklich zu Ihnen passen und Sie nicht nur die vermeintlichen Vorteile eines leichteren Einstiegs vor Augen haben.

Betriebsübernahme oder Beteiligung?

Möchten Sie einen bereits bestehenden, gut etablierten Betrieb übernehmen bzw. sich daran beteiligen? Hierbei ist der Knackpunkt häufig ganz simpel: Die Vorstellungen beim Kaufpreis driften meist weit auseinander. Wer ein eigenes Unternehmen aufgebaut hat, überschätzt leicht den tatsächlichen Wert und reagiert schnell emotional auf Kritik. Eine Möglichkeit, eine gemeinsame Lösung zu finden, ist, dass der Alteigentümer das Unternehmen noch eine festgelegte Zeit lang begleitet und der Kaufpreis in Abhängigkeit davon steht, wie erfolgreich das Unternehmen in dieser Zeit ist.

Betriebsübernahme hört sich einfacher an, als es ist, denn Sie müssen sich die Akzeptanz im Unternehmen erst erarbeiten und haben dazu i. d. R. nicht viel Zeit. Das kann mitunter wie ein Azubi in der Einarbeitungs- und Probezeit sein.

Eine weitere gute Möglichkeit, in ein Unternehmen einzusteigen, ist eine sogenannte tätige Beteiligung. Hierbei wird mit einem festen Geldbetrag (der sogenannten Einlage) der erste Schritt für eine eventuelle spätere Übernahme gelegt. Von Anfang an handeln Sie bei dieser Variante als aktiver (mit-) verantwortlicher Gesellschafter. Zu einem späteren Zeitpunkt können Sie dann, falls gewünscht, das Unternehmen ganz übernehmen. Dies muss aber nicht immer das Ziel einer Beteiligung sein.

Gerade bei den Varianten Franchise, Übernahme oder Beteiligung empfehle ich, sorgfältig alle Informationen einzuholen, zu analysieren und möglichst von Anfang an die Begleitung durch eine Beratung in Anspruch zu nehmen. Gerade in juristischen Fragen sollten Sie auf Nummer Sicher gehen.

Gründen im Team oder alleine?

Nicht jedes Geschäftskonzept lässt sich im Alleingang umsetzen. Je nach persönlicher Situation und Branche kann sich die Frage stellen, ob Sie mit mehreren Gründern zusammen starten möchten (s. hierzu auch das Kapitel 10 unter 10.3 Wahl der Rechtsform). Ein Nachteil: Manchmal können wortwörtlich viele Köche den Brei verderben – nicht jeder ist geeignet, in einer Gruppe zu arbeiten. Andererseits ist nicht jeder dafür gemacht, ganz alleine für sich zu sein und zu arbeiten. Vielleicht ist es daher auch gerade gut, von Anfang an die Kompetenzen und Stärken mehrerer Personen in das Unternehmen einzubringen.

Aus dem Arbeitsleben heraus ganz alleine in die Selbstständigkeit zu starten kann am Anfang eine ganz schöne Veränderung sein. Keine Kollegen mehr, mit denen man zwischendurch einmal Smalltalk halten kann. Das war bei mir persönlich gerade zu Beginn eine extreme Umstellung. Ich habe mich, um nicht das Gefühl von Einsamkeit zu entwickeln und dagegen zu steuern, oft mit Freunden oder ehemaligen Kollegen zum gemeinsamen Mittagessen verabredet. Dadurch hatte ich in meinem Arbeitsalltag zudem klare zeitlich begrenzte Abläufe und eine gewisse Struktur.

Alleine zu gründen bedeutet:

- Alles eigenverantwortlich zu entscheiden
- Freie Gestaltungs- und Entwicklungsmöglichkeiten
- Keine Abstimmungsprozesse erforderlich – somit kurze Wege
- Geringe Personalkosten

Im Team gründen bedeutet:

- Viele unterschiedliche Kompetenzen
- Größeres Netzwerk
- Risikoverteilung
- Vertretung im Krankheitsfall
- Mehr Input, Kreativität, „Manpower" und Erfahrung
- Häufig stärkere Finanzkraft

Tipp: Starten Sie in jedem Fall mit einem guten Gründungsseminar. Dort lernen Sie alle Möglichkeiten, Risiken, Vor- und Nachteile der unterschiedlichen Gründungsalternativen kennen, können abwägen und dann die richtige Entscheidung für Ihre Gründung treffen.

Achten Sie darauf, dass das Seminar ausreichend Raum für Ihre Fragen bietet und idealerweise in einer kleinen Gruppe stattfindet. So lernen Sie am meisten und gehen nicht unter.

In jeder größeren Stadt bieten die örtlichen IHKs und Kammern Seminare zur Existenzgründung an. Weiterhin gibt es einige wenige gewerbliche Anbieter wie 1a-STARTUP, die Seminare für Existenzgründer veranstalten. Vergleichen Sie immer genau die Inhalte und – falls vorhanden – die Besucherstimmen der Teilnehmer, wenn Sie sich nicht sicher sind, ob ein Anbieter wirklich seriös ist. Auch ein Selbstlern-Videokurs wie ihn 1a-STARTUP anbietet, kann ein guter Anfang sein.

Erst Seminar, dann Businessplan

Nach dem besuchten Seminar, in dem Sie das Basiswissen und den Aufbau eines Businessplans gelernt haben, machen Sie sich an das Schreiben Ihres eigenen, persönlichen Fahrplans. Keine Sorge, nicht jeder Tag ist ein guter Tag zum Erstellen des Plans. Machen Sie sich keinen Druck, wenn Sie Startschwierigkeiten haben, Ihre Gedanken niederzuschreiben. Vielleicht ist eine erste Stichwortsammlung statt direkt ausformulierter Sätze zu den einzelnen Kapiteln eher das Richtige für Sie. Eine „Runde um den Block" ist häufig auch hilfreich, um den Kopf freizubekommen und im Anschluss die Gedanken zu ordnen und auf Papier zu bringen.

Praxistipps aus langjähriger Beratungserfahrung: Sorgen Sie für eine gute Arbeits- und Schreibatmosphäre, vermeiden Sie Ablenkungsmanöver und schalten Sie mögliche Störfaktoren aus. Im Downloadbereich meiner Website finden Sie übrigens einen Maßnahmenplan bzw. eine To-do-Liste, an der Sie sich orientieren können.

Setzen Sie sich zudem einen genauen Zeitrahmen, in dem Sie sich nur um dieses Thema kümmern wollen und um sonst gar nichts. Legen Sie einen Zeitpunkt fest, an dem der Businessplan fertig sein soll und lassen Sie möglichst einen Existenzgründungsberater über den Plan schauen. Ein solider, vollständiger Businessplan erspart Ihnen im Anschluss viel Arbeit und so manche Schwierigkeit. Darüber hinaus ist er ein praktischer Leitfaden, an dem man sich auf dem Weg in die erfolgreiche Selbstständigkeit orientieren kann.

K 9 WIE FINDE ICH EINE TRAGFÄHIGE GESCHÄFTSIDEE?

Vor der eigentlichen Gründung steht das Finden einer Geschäftsidee mit all den zu treffenden Entscheidungen, die damit verbunden sind. Alles steht und fällt mit Ihrem Geschäftsmodell, für das Sie den Businessplan ausarbeiten, um die Tragfähigkeit Ihrer Idee zu prüfen. Für Sie als zukünftigen Unternehmer ist diese Phase eine enorm wichtige. Die Wahl der richtigen Geschäftsidee ist mit vielen Überlegungen verknüpft und hängt von Ihnen ganz persönlich ab. Talent, Vorliebe, Erfahrung usw. sind neben der Tragfähigkeit relevante Faktoren.

Sie sind fest dazu entschlossen, zu gründen, es fehlt Ihnen aber noch die passende Geschäftsidee bzw. ein Konzept, mit dem Sie sich selbstständig machen möchten? Seien Sie beruhigt – damit geht es Ihnen wie vielen anderen potenziellen Gründen auch. Denn: Eine Geschäftsidee zu „finden", die gut zu einem passt und gleichzeitig tragfähig ist, ist gar nicht so einfach.

Was heißt eigentlich genau „tragfähig"?

Tragfähig bedeutet, dass Sie nach einer gewissen (Anlauf-)Phase von Ihrer Selbstständigkeit leben können. Und zwar so, dass Sie gut leben können und nicht jeden Cent umdrehen müssen. So, dass Sie beruhigt schlafen können und einen Erfolg erzielen, der Ihrem Einsatz und Ihrer Leistung entspricht. Der Gewinn, der übrig bleibt (Einnahmen abzüglich Ausgaben unter Berücksichtigung der Steuern) muss ausreichen, um Ihre (privaten) Lebenshaltungskosten zu decken und bestenfalls ein wenig „Luxus" zu erlauben. Luxus bedeutet in diesem Fall keinen Rennwagen oder Villen in Monaco, sondern Dinge, die über die reinen Bedürfnisse des Überlebens hinausgehen. Urlaub, öfter mal essen gehen anstelle selbst zu kochen – jeder definiert seinen Luxus anders. Wichtig ist auch, dass Sie genügend verdienen, um Rücklagen für Versicherungen, Steuern etc. bilden können. Das alles sollte sich nach einiger Zeit einstellen, damit man von Tragfähigkeit sprechen kann.

Die Anlaufphase sollte idealerweise nicht zu kurz, aber auch nicht zu lang bemessen sein. Es kommt auf den Umfang Ihres Vorhabens an, wie überall im Leben, wo Sie Entscheidungen treffen müssen. Manche Geschäftsideen scheitern aufgrund der zu langen Anlaufzeit, weil die Verluste zu hoch sind. Suchen Sie gründlich nach der richtigen Geschäftsidee, aber gehen Sie die Suche zielorientiert und ergebnisorientiert an. Irgendwann müssen Sie sich festlegen und mit dem Aufbau Ihres Unternehmens beginnen, um Umsatz zu erzielen.

Bei der Suche nach der für Sie passenden Geschäftsidee möchte ich Ihnen mit den folgenden Tipps etwas behilflich sein:

Tipp: Entdecke, was in Dir steckt! In der Praxis bedeutet das, dass Sie auf drei verschiedenen Zetteln persönliche Stichworte notieren, ganz so, wie es Ihnen in den Kopf kommt. Ungefiltert und unsortiert:

Zettel Nr. 1: Was möchte ich auf keinem Fall mehr in meinem Leben machen/arbeiten? Dies ist für viele die leichteste Übung.

Zettel Nr. 2: Was kann ich gut und was macht mir große Freude? Wofür begeistere ich mich, auch auf lange Sicht?

Zettel Nr. 3: Was kann ich daraus (aus den Antworten von Zettel Nr. 1 und 2) machen?

Blatt 2 und 3 brauchen erfahrungsgemäß Zeit und oft entwickeln sich die Gedanken, sobald man erst einmal damit angefangen hat. Alles ist erlaubt, nichts ist verboten. Der Prozess kann einige Tage oder sogar Wochen dauern, lassen Sie sich die nötige Zeit, bis Sie sich wirklich sicher sind.

Kennen Sie Ihre Zielgruppe

Viele Existenzgründer würden am liebsten in erster Linie nach ihren Vorlieben gehen und erst dann prüfen, ob dieses Angebot in der Region, in der sie leben, überhaupt gefragt ist. Wenn man aber mit seiner Selbstständigkeit Geld verdienen möchte, sollten einige Punkte zutreffen. So muss die entsprechende Zielgruppe greifbar sein und möglichst zahlungskräftig, ansonsten muss die Masse einen Ausgleich schaffen. Ein Beispiel: Wenn Sie gegenüber einer Schule einen Kiosk betreiben, wissen Sie, dass der einzelne Schüler Sie sicher nicht reich machen wird. Die große Anzahl der potenziellen Kunden aber macht diesen Punkt wieder wett.

Für die Entwicklung der Geschäftsidee sollten Sie prüfen:

- Löse ich ein Problem (meiner Zielgruppe)?
- Besteht neben dem Interesse an dem, was ich anbieten möchte, auch die nötige Zahlungsbereitschaft und das Budget?

Besondere Talente

Einfacher wird die Suche nach der richtigen Geschäftsidee, wenn man über eine Fähigkeit verfügt, die außergewöhnlich gut ist und mit der man sich wohlfühlt. Es nutzt nichts, wenn Sie eine Existenz aufbauen, die Sie thematisch nicht anspricht. Wenn Sie etwas richtig gut können, weil Sie z. B. lange Jahre Berufserfahrung gesammelt und vielleicht sogar schon ein Netzwerk aufgebaut haben, werden Sie damit auch Freude haben. Weil Sie sich sicher fühlen, Erfolg haben und sich gut einschätzen können. Aber auch, wenn Sie bisher nur wissen, dass Sie sich selbstständig machen möchten, können Sie mithilfe einiger Fragen zur richtigen Geschäftsidee gelangen.

Originell und ausgefallen ist nicht alles.

Die Meinung, man müsse etwas Ausgefallenes auf den Markt bringen, um erfolgreich zu gründen, wird stark durch die Medien geprägt. Es wird kommuniziert, dass nur eine möglichst ungewöhnliche Geschäftsidee erfolgreich und tragfähig ist. Doch das stimmt nicht unbedingt. Wer etwas besonders Spezielles oder Kurioses auf den Markt bringt, zieht nicht automatisch einen großen Käuferkreis an. Tendenziell sind es eher die „gewöhnlichen" Geschäftsideen, die gutes Geld einbringen. Denken Sie nur an den Anwalt (eine überlaufene Sparte), der sich durch eine Spezialisierung auf Familienrecht in seiner Region einen guten Namen gemacht hat. Oder an den Makler, der sich auf Erbimmobilien spezialisiert hat und fachlich besonders kompetent berät. Selten bzw. auffällig bedeutet also nicht automatisch erfolgreich. Es kommt auf viele Faktoren an, das macht es spannend und schwierig zugleich.

Wenn Sie in einem Bereich starten, für den Sie möglichst viel bereits erworbenes Know-how mitbringen, ist das schon fast die halbe Miete. Die Geschäftsidee sollte aber auch zu Ihnen als Person und zu Ihren Stärken passen und Ihnen auch insbesondere langfristig Spaß machen. Dauerhaft Geld verdienen können Sie jedoch nur, wenn eine echte Nachfrage nach dem besteht, was Sie anbieten wollen. Überall dort, wo andere sich ärgern, etwas vermissen oder über Probleme klagen, ist Ihr potenzieller Kunde.

Spezialist, Nische finden

Nicht ganz ungewöhnlich ist die Gründung in dem Bereich, den man vorher jahrelang als Angestellter ausgeübt hat. Vorteil ist hier das Know-how, welches man mitbringt. Wenn Sie dazu noch eine Spezialisierung finden können – perfekt. Suchen Sie nach einem Aspekt, den Sie besonders gut können, weil er Ihnen zusätzlich auch noch besonders viel Freude bereitet und vielleicht am Markt noch nicht (umfassend) abgedeckt ist.

Eine Idee adaptieren und anpassen

Sie kennen das sicher selbst: Am Fernseher, im Internet oder einem spannenden Magazin/einer Zeitung prasseln immer wieder Stories mit verrückten Geschäftsideen aus aller Welt auf uns ein. Vielleicht fühlen Sie sich inspiriert, eine dieser Ideen zu übernehmen und für den deutschen Markt anzupassen? Das Fahrrad-Taxi aus Indien? Die Food-Trucks aus den USA?

Wichtig: Überlegen Sie genau, ob dieses Konzept auch wirklich zur hiesigen Mentalität passt. Denn nur weil die Idee total „kreativ“ oder „verrückt“ ist, muss sie nicht funktionieren. Was in anderen Ländern vielleicht eine Marktlücke ist, wird hier eventuell überhaupt nicht nachgefragt oder ist bereits genügend vorhanden. Recherchieren Sie deshalb vorab genau, ob Ihre Idee überhaupt eine Chance hätte, vor Ort akzeptiert und erfolgreich zu werden.

Manchmal genügt es auch, schon Vorhandenes zu prüfen, zu überarbeiten, zu verbessern oder neu zu kombinieren. Vielleicht gibt es ein Produkt, das Sie mit zusätzlicher Ausstattung verbessern können und damit attraktiver für Abnehmer machen? Vielleicht macht auch schon eine andere Optik, Farbe oder Haptik Sinn? Ist eine Kombination mit anderen Produkten sinnvoll und macht diese Verbindung das Ganze attraktiver? Oder können unnötige

Dinge weggelassen werden, die den Preis senken können und damit Absatz generiert werden kann?

Essenziell: Stellen Sie bei der Entwicklung einer Idee immer wieder in Frage, was der Kunde davon hat.

Auf Trends und Erfindungen setzen

Entdeckt, entwickelt und erforscht wird ständig wieder aufs Neue. Dabei besteht natürlich die Schwierigkeit darin, genau die passende innovative Idee zu finden, die noch über keine Konkurrenz verfügt.

Wichtig: Überlegen Sie genau, ob die Entwicklung Ihrer Idee/einer Erfindung irgendwann umsonst sein könnte (weil beispielsweise der Trend vorbei ist) oder ob es sich tatsächlich um ein längerfristiges Projekt handeln kann. Ist es möglich, mit dieser Idee/Erfindung zu überleben und mit der Zeit zu gehen oder ist es nur ein vorübergehender Trend? Achtung außerdem vor sogenannten „Trittbrett-Fahrern“, die immer auf der Suche nach neuen, guten Ideen sind, um diese zu kopieren und anzupassen. Denken Sie an den Schutz Ihrer Geschäftsidee (Kapitel 10.10).

Die Nachfrage bestimmt den Markt

Egal, auf welche Idee Sie setzen, es ist wie bereits erwähnt: Wenn Sie in einem Bereich starten, für den Sie möglichst viel bereits erworbenes Know-how mitbringen, ist das schon fast die halbe Miete. Die Geschäftsidee sollte darüber hinaus aber auch zu Ihnen passen und Ihnen auch in Zukunft Freude und Erfolg bringen. Dauerhaft Geld verdienen können Sie aber nur, wenn eine echte Nachfrage danach besteht, was Sie anbieten wollen. Checken Sie das vorab gründlich, etwa durch Internetrecherche, z. B. in fachbezogenen Foren.

Etwas Neues

Wenn Sie zum neuen Lebensabschnitt etwas ganz Neues anfangen möchten, dass gar nichts mit Ihrer beruflichen Vorgeschichte zu tun hat, kann auch das der richtige Weg sein. Es erfordert aber dann entweder ein wirkliches Talent oder eine andere Sicherheit, dass Ihre Geschäftsidee dauerhaft tragfähig ist. Wichtig ist auch hier die gute Vorbereitung und – Sie ahnen es schon – ein gut durchdachter, professioneller Businessplan.

Der richtige Zeitpunkt

Nicht immer gibt es „den" perfekten Zeitpunkt, ein Business zu gründen. Einige Gesichtspunkte dazu kann man aber schon kalkulieren, etwa bei saisongebundenen Unternehmen. Es ist auch nicht immer der am erfolgreichsten, der der Erste am Markt ist. Vielleicht müssen andere die Vorreiter sein, etwas ausprobieren, das Risiko eingehen und u. U. für Sie das Lehrgeld zahlen. Vielleicht können Sie etwas adaptieren, weiterentwickeln und besser machen? Es ist nicht verboten, abzuwarten und zu beobachten und aus den Erfahrungen anderer zu lernen. Vieles erlernt man durch Abschauen und Austausch mit anderen.

Einige Beispiele, bei denen der richtige Zeitpunkt relativ klar ist:

Wollen Sie etwa im Einzelhandel starten, dann ist der Hebst ideal, um sich bis zum Weihnachtgeschäft etwas etabliert zu haben und den Trubel und die Kauflust der Kunden dann voll mitzunehmen. Möchten Sie hingegen als Personal Trainer starten, bietet sich der Jahresanfang an, da viele Menschen i. d. R. zu Neujahr gute Vorsätze gemacht haben und im Januar beginnen, diese sportlich umzusetzen. Eröffnen Sie einen Obststand auf Wochenmärkten, beginnen Sie idealerweise im Frühjahr, um die ersten Gemüsesorten frisch anbieten zu können und im Sommer mit tollen, reifen Früchten aller Art Ihre Kunden zu begeistern.

Auch eine vermeintliche Krise wie die Corona Pandemie kann der richtige Zeitpunkt zum Gründen sein.

Denn es hat sich in der aktuellen Situation gezeigt, worauf Kunden in so einer Zeit Wert legen (Stichwort online/digitale Angebote bzw. auf der anderen Seite verstärkte Nachfrage nach lokalen Anbietern) und genau diese geänderte Nachfrage und neuen Bedürfnisse kann man von Anfang an berücksichtigen.

Probleme identifizieren, lösen und Bedürfnisse erkennen

Eine Möglichkeit besteht auch darin, sich erst die Zielgruppe zu überlegen und welches Problem dort dringend gelöst werden sollte und daraus dann die Geschäftsidee zu entwickeln. Fragen Sie sich, ob es Situationen gibt, in denen Sie selbst vor einem Problem standen oder öfter stehen, dass Sie gerne gelöst hätten. Das kann auch ein Ansatz sein, schließlich sind Ihre Kunden auch nur Menschen und viele haben ähnliche Sorgen und Probleme. Beobachten Sie Ihre Mitmenschen im Alltag, hören Sie zu, wenn man Ihnen etwas erzählt. Vom Fremden an der Supermarktkasse über die Erzieherin Ihrer Kinder bis hin zur eigenen Familie – die Bedürfnisse anderer könnten Ihr geschäftlicher Durchbruch sein.

Fazit zur Findungsphase der passenden Geschäftsidee:

Eine Gründungsidee zu finden ist wie das Verfassen eines Kochrezeptes. Die meisten gibt es schon in verschiedenen Variationen. Es erscheint schier unmöglich, etwas völlig Neues zu erfinden, das noch nie da war. Können Sie erfolgreich sein mit einer nicht ganz neuen Idee? Was macht Ihr Angebot dennoch einzigartig und unterscheidet Sie von der Konkurrenz?

Ein häufiger Fehler ist, nach etwas völlig Neuem, noch nie Dagewesenem zu suchen. Das gibt es kaum, nur die wenigsten Gründer sind für eine bahnbrechende Erfindung bestimmt. Häufig sind es Ideen, die anders oder besser weiterentwickelt wurden und eine eigene Zielgruppe haben. Bekanntes wird verbessert, weiterentwickelt oder anders aufgelegt. Erinnern Sie sich an das Beispiel, als aus Raider™ plötzlich Twix™ wurde? Da wurde sogar die Umbenennung selbst zum umsatzsteigernden Erinnerungsfaktor.

> ***„Du musst genau das machen, wovon Du glaubst, das kann man nicht machen."***
> ***Eleanor Roosevelt***

Ich werde häufig gefragt: Ich möchte gründen und selbstständig sein, können Sie mir nicht sagen, was ich machen kann und was zu mir passt? Darauf antworte ich stets ehrlich: Wenn das so einfach wäre, würde ich mit einem Schirmchenglas unter meiner eigenen Palme auf meiner eigenen Insel sitzen ...

Wenn eine Idee gefunden ist: Umfrage oder „Hausfrauen-Test"

Wenn Sie jetzt an der Stelle sind, an der Sie vielleicht schon wissen oder zumindest eine Ahnung davon haben „Wer will ich sein? Was will ich anbieten?", bleibt es bei der großen Unbekannten: Braucht der Markt das, was ich mir überlegt habe? Ist der Markt bereit dafür und auch zahlungskräftig?

Um diese Frage zu beantworten, sollten Sie Ihre Geschäftsidee und Ihr Geschäftsmodell so früh wie möglich auf die Probe stellen. Wenn sich annähernd Ihre Gedanken bestätigen, gibt das den nötigen Schwung für die nächsten Schritte oder aber neue Denkanstöße, was vielleicht vor dem „richtigen" Start noch justiert werden kann. Sollten Sie eher auf Gegenwind und Widerstand stoßen, sollte Sie das nicht gleich zum hoffnungslosen Aufgeben animieren, sondern eher dazu, an der Idee weiter zu feilen und daran, wie Sie diese kommunizieren und vermarkten wollen.

Ein idealer Weg, um das herauszufinden, ist die direkte Befragung potenzieller Kunden.

Das können Sie z. B. bei B2C (Business to Consumer, also Unternehmer-Kunde) ganz einfach machen: eine Umfrage auf der Straße! In der Marktforschung wird diese Art der Umfrage auch Hausfrauen-Test genannt.
Erstellen Sie sich dazu einen Fragebogen und befragen Sie eine

möglichst breite Masse von Personen an unterschiedlichen Orten. Denken Sie um die Ecke – es muss nicht direkt die Wunschzielgruppe sein, die die wichtigsten Erkenntnisse liefert.

Und bei B2B, also von Unternehmen zu Unternehmen: Warum nicht einfach zum Hörer greifen und anbieten? Natürlich bei denjenigen Unternehmenskunden, die nachher nicht unbedingt Ihre Kunden werden sollten.

Themen für den Fragebogen oder eine Meinungsumfrage könnten sein:

- Haben Sie Interesse an ...?
- Welche besonderen Wünsche, Ansprüche oder Erwartungen verbinden Sie mit ...?
- Was ist Ihnen besonders wichtig?
- Wie oft würden Sie ... kaufen? Bzw. wie oft kaufen Sie ... (wenn es ähnliche Produkte bereits gibt)?
- Wo würden Sie danach suchen?
- Was wäre Ihnen so ein Produkt/eine Dienstleistung wert?
- Möchten Sie von mir informiert werden, wenn ich eröffne?

Wichtig ist ein ehrliches Feedback, also können die Befragten keine Personen aus Ihrem direkten Umfeld sein, die Sie vielleicht nicht verletzen möchten. Eventuell können Sie bei Ihrer Umfrage sogar einen Prototyp zeigen oder Tests anbieten. Sie können ebenfalls eine Onlinebefragung starten, etwa über einen Blog oder eine Website, für die Sie als Experte wahrgenommen werden wollen.

Vielleicht werden Sie überrascht, wenn in dieser ersten Phase schon so gute Reaktionen erfolgen, dass erste Kunden in der Pipeline warten, wenn Ihr Business an den Start geht. Nutzen Sie sowohl Kritik als auch Lob für die Weiterentwicklung Ihrer Idee und danken Sie den Befragten in jedem Fall, dass sie sich die Zeit genommen haben.

Eine andere Möglichkeit, die Tragfähigkeit Ihres zukünftigen Unternehmens einzuschätzen bzw. zu verifizieren – ganz modern und hipp derzeit – ist das sogenannte „Business Model Canvas" aus den USA:

Business Model Canvas – Stärken und Schwächen einer Geschäftsidee sichtbar machen

Taugt meine Geschäftsidee zur Selbstständigkeit bzw. ist sie unternehmerisch sinnvoll? Was kann ich im Vorfeld prüfen, um mögliche Fehlinvestitionen zu vermeiden und wo ist mein angedachtes Geschäftsmodell noch verbesserungsfähig? Eine relativ neue und momentan sehr verbreitete Methode, um diese Fragen zu beantworten, ist das Business Model Canvas (BMC), das Gründern einen Überblick über die wichtigsten Schlüsselfunktionen des geplanten Geschäftsmodells verschaffen soll, um so die Stärken und Schwächen des möglichen Geschäftes aufzuzeigen. Zudem bietet das Model als Visualisierung des eigenen Geschäftes eine sinnvolle Ergänzung zum Businessplan, der aus meiner Sicht dadurch allerdings in keinem Fall ersetzt werden kann.

Grundsätzlich gliedert das Business Model Canvas Geschäftsmodelle in neun Schlüsselbereiche, die im Folgenden kurz skizziert werden:

1. Schlüsselpartner

Je nach Geschäftsmodell ist es mehr oder weniger sinnvoll, eine strategische Partnerschaft einzugehen. Sei es, um eine gemeinsame Infrastruktur zu nutzen, um Prozesse zu optimieren, sei es um die Effektivität des Unternehmens zu steigern oder mögliche Risiken zu verteilen. Frage: Wer kommt als Partner in Frage und welche Schlüsselressourcen können die einzelnen Partner zur Verfügung stellen?

2. Schlüsselaktivitäten

Um ein Produkt herzustellen oder eine Leistung zu erbringen, sind bestimmte Aktivitäten/Handlungen gefragt. Frage: Welches sind die wichtigsten Tätigkeiten, um Ihr Geschäftsmodell in die Tat umzusetzen?

3. Kundenbeziehung

Welche Art von Kundenbeziehungen möchte ich mit meinem Unternehmen bedienen? Wie man die Kundenbeziehung gestaltet, ist ein wichtiger Bestandteil des jeweiligen Geschäftsmodells. Frage: Wie ist es möglich, potenzielle Kunden zu gewinnen und zu binden?

4. Nutzenversprechen

Jedes Produkt und jede Leistung hat die Aufgabe, ein Problem des Kunden zu lösen oder ein Bedürfnis zu befriedigen. Jedes Produkt und jede Leistung muss dieses Nutzenversprechen enthalten: neuer, besser, stylischer, günstiger oder einfach nutzerfreundlicher als vergleichbare Angebote. Frage: Welchen Nutzen haben die Kunden, wenn sie das Produkt oder die Dienstleistung kaufen?

5. Zielgruppe

Jedes Geschäftsmodell oder Startup will ein Produkt oder eine Dienstleistung verkaufen, ohne Kunden kann demnach kein Unternehmen überleben. Als Kunden kommen immer verschiedene Kundenarten in Frage. Frage: Welches ist die Kundenzielgruppe?

6. Schlüsselressourcen

Nur durch den Einsatz bestimmter Ressourcen ist es möglich, eine Produktion zu bewerkstelligen und eine Dienstleistung zu erbringen. Diese Ressourcen beziehen sich auf Betriebsstätte, Personal, Startkapital usw. Frage: Welche Ressourcen sind unverzichtbar?

7. Vertriebs- und Kommunikationskanäle

Die Vertriebs- und Kommunikationskanäle bestimmen, auf welche Weise mit dem Kunden interagiert wird. Schließlich kaufen Kunden nur das, was sie kennen. Fragen: Wie erfahren Kunden von dem Angebot? Wie muss der Vertrieb aussehen?

8. Kosten

Jede Produktion und jede Dienstleistung ist mit Kosten verbunden, z. B. für Aktivitäten, Ressourcen etc. Frage: Was sind die größten und wichtigsten Kostenfaktoren?

9. Einnahmequellen

Es gibt oft mehrere Wege, mit demselben Angebot Geld zu verdienen. Fragen: Wie viel ist der Kunde bereit, für das Angebot zu zahlen? Woher kommt bei diesem Geschäftsmodell das Geld?

Business Model Canvas statt Businessplan?

An dieser Stelle ein klares NEIN. Das BMC eignet sich aber im ersten Schritt gut dafür, um die Ideen und das Geschäftsmodell zu entwickeln. Die Ergebnisse können in den Canvas-Rubriken festgehalten werden, um dann umfassender – zum Beispiel für die Beantragung eines Förderkredits – in den Businessplan eingearbeitet zu werden. Der Businessplan ist und bleibt aber nicht nur für einen Förderkredit wichtig, sondern auch, um die Geschäftsidee schlussendlich in die Tat umzusetzen. Zum Beispiel gibt es auf der Seite des BMWI (Bundesministerium für Wirtschaft und Energie) eine Vorlage eines BMC zum Download.

K 10 WAS IST VOR DER GRÜNDUNG ZU ÜBERLEGEN UND ZU ERLEDIGEN?

Vor einer Unternehmensgründung fallen viele Überlegungen und Entscheidungen an. Manche Dinge, z. B. ob Sie mit einer nebenberuflichen Gründung starten oder sich direkt in Vollzeit selbstständig machen, hängen von Ihrer persönlichen Situation ab. Auch andere Fragen beschäftigen sich eher mit Ihnen als Gründerpersönlichkeit und sind daher ein individueller Punkt.

Andere Fragen lassen sich ganz klar mit Ja oder Nein beantworten und sind daher relativ zügig und einfach abzuhaken. Diese Fragen habe ich für Sie übersichtlich zusammengefasst bzw. zeige auf, wo Sie entsprechende Infos finden:

10.1 GEWERBE ODER FREIBERUFLER

Diese Frage wird häufig falsch verstanden. In der Selbstständigkeit ist man entweder Gewerbetreibender oder Freiberufler. Beide sind selbstständig tätig, der Unterschied liegt in der folgenden festgelegten Einteilung:

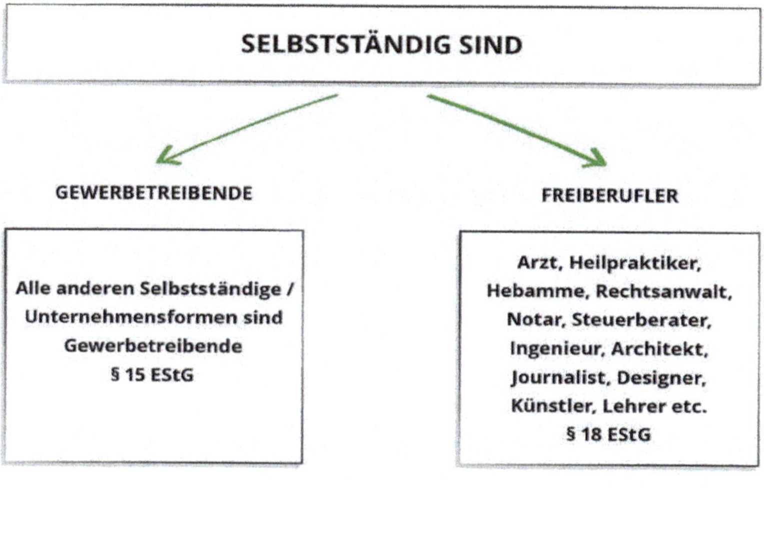

Als Freiberufler erhalten Sie zwar eine andere Steuernummer bei der Anmeldung beim Finanzamt, Sie müssen jedoch kein Gewerbe anmelden. Anders ist es, wenn Sie Waren oder Dienstleistungen verkaufen oder damit handeln. Dann sind Sie kein Freiberufler und müssen somit ein Gewerbe anmelden.

Typische Tätigkeiten, die ein Gewerbe darstellen:

- Groß- und Einzelhandel (oder Verkauf von Produkten)
- Handwerk und handwerksnahe Tätigkeiten (Ausnahme: künstlerische Tätigkeiten)
- Industrielle Fertigung
- Gastronomie und Hotellerie
- Einfachere Dienstleistungen wie z. B. Hausmeisterservice sowie alle haushaltsnahen Dienstleistungen wie Reinigung oder Reparatur
- Vertreter, Vermittler und sog. Agenturen
- Geld- und Vermögensberater

Woher weiß ich, worunter ich falle?

- Es gibt mehrere Möglichkeiten, diese Frage zu beantworten, wenn Sie unsicher sind. Sie können die örtliche IHK oder HWK fragen, ob Sie einen Gewerbeschein anmelden müssen oder sogar eine Erlaubnis, Genehmigung oder sog. Fachkundeprüfung benötigen. Wenn es den handwerklichen Bereich betrifft, kann ggf. auch ein Eintrag in die Handwerksrolle erforderlich sein.
- Sie können auch einen Existenzgründungsberater fragen. Dies kann vorteilhaft sein, da die Kammern schon mal gerne etwas strenger beurteilen, als erforderlich wäre.
- Auch ein (guter) Steuerberater weiß in der Regel Rat, wenn es um diese Frage geht.

Persönlicher Tipp: Das Finanzamt würde ich für diese Frage nicht im ersten Schritt zu Rate ziehen, wenn Sie etwas „zwischen den Stühlen" hängen – dann empfehle ich doch eher den Gang zum Steuerberater.

Die Gewerbeanmeldung

Das Gewerbe wird bei der Stadtverwaltung/Gewerbestelle in der Stadt angemeldet, in der Sie gründen möchten. Ihre Anmeldung wird nur dann genehmigt, wenn Sie Ihren Personalausweis und alle anderen erforderlichen Unterlagen dabeihaben. Häufig ist eine Gewerbeanmeldung auch schon online möglich. Geprüft wird, ob alle Voraussetzungen (u. a. Zulassung, Erlaubnis) erfüllt sind, um mit Ihrem Gewebe starten zu können. Das Gewerbeamt informiert alle anderen Stellen und Behörden, die für Ihre Gründung eine Rolle spielen. Dazu gehören beispielsweise das Finanzamt, die IHK oder HWK, die Berufsgenossenschaft oder das Gewerbeaufsichtsamt.

Die Kosten für die Anmeldung sind je nach Region unterschiedlich und können zwischen 15 und 100 Euro betragen. Melden Sie das Gewerbe direkt umfassend mit allen Ihren Tätigkeiten an, da jede Änderung mit Kosten für Sie verbunden ist.

Wichtig: Die Anmeldung des Gewerbes muss zwingend vor Beginn der gewerblichen Tätigkeit erfolgen – eine verspätete Anmeldung kann zu einer Ordnungsstrafe führen.

Die freiberufliche Tätigkeit

In § 18 des Einkommensteuergesetz (EStG) ist ganz klar geregelt, wer unter die sog. Katalogberufe fällt und somit ein Freiberufler im Sinne der Gesetze ist. Dazu gehören u. A. Ärzte, rechts-, steuer- und wirtschaftsberatende Berufe, naturwissenschaftliche und technische Berufe, Künstler, Schriftsteller und Lehrer.

Fällt Ihre Selbstständigkeit in die Rubrik der Katalogberufe und steht somit fest, dass Sie keine der weiter oben genannten Kriterien für einen Gewerbetreibenden erfüllen, gelten für Sie folgende Regelungen als Freiberufler:

- Sie bezahlen keine Gewerbesteuer.
- Die Einnahmen-Überschuss-Rechnung (EÜR) genügt als vereinfachte Form der Buchführung.
- Sie müssen kein Mitglied bei der IHK oder HWK werden.

Anmeldung einer freiberuflichen Tätigkeit

Falls Sie freiberuflich selbstständig sein werden, genügt es, wenn Sie Ihrem Finanzamt schriftlich (formlos) mitteilen, zu wann Sie die freiberufliche Tätigkeit aufnehmen (spätestens innerhalb eines Monats). Sie erhalten dann den „Fragebogen zur steuerlichen Erfassung", den Sie auch aus dem Internet herunterladen können. Sie finden ihn im Formular-Management-System der Bundesfinanzverwaltung unter www.formulare-bfinv.de.

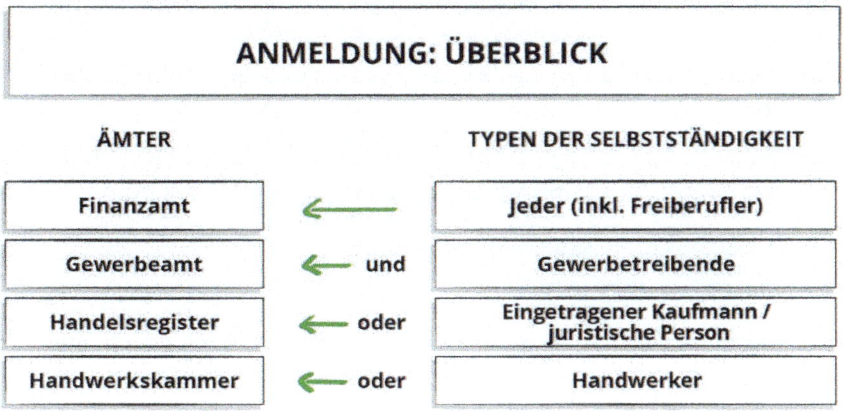

Tipp: Damit Sie von Anfang an Rechnungen schreiben können, benötigen Sie eine Steuernummer, die auf jeder Rechnung stehen muss. Daher empfiehlt es sich, mit genügend Vorlaufzeit die Anmeldung beim Finanzamt vorzunehmen. Auch der Gewerbetreibende benötigt eine Steuernummer. Der Prozess kann bei der Finanzverwaltung u. U. mehrere Wochen dauern – planen Sie ausreichend Zeit dafür ein, um zeitnah Rechnungen schreiben zu können, wenn die ersten Kundenaufträge eingehen.

10.2 BENÖTIGE ICH ZUSÄTZLICHE GENEHMIGUNGEN?

Genehmigungspflichtige Gewerbe

Egal ob als Gewerbetreibender oder Freiberufler – je nach Gewerbeart sind zum Gewerbeschein weitere Unterlagen und Nachweise erforderlich. Das können beispielsweise Erlaubnisnachweise, Dokumente oder spezielle Genehmigungen sein, die das jeweilige Gewerbe fordert.

Bei einer handwerklichen Tätigkeit muss z. B. ein Eintrag in die Handwerksrolle oder in das Verzeichnis der handwerksähnlichen Gewerbe bei der Handelskammer erfolgen. Fragen Sie daher vor der Gewerbeanmeldung bei der IHK oder HWK nach, welche Anforderungen oder Rahmenbedingungen Sie beachten müssen. In einigen Fällen ist eine sog. Fachkundeprüfung erforderlich.

Einige Beispiele für genehmigungspflichtige Gewerbe:

- Tätigkeiten im Bewachungsgewerbe
- Gaststättengewerbe
- Inkassobüros
- Makler
- Personenbeförderung
- Versicherungsberatung
- Versicherungsvermittlung

Online-Tipp: Auf der Internetseite jeder IHK finden Sie eine Liste aller genehmigungspflichtigen Gewerbe mit der jeweils zuständigen Stelle für weiterführende Informationen.

Kammerpflicht bei freien Berufen

Für sogenannte kammerfähige Freie Berufe besteht eine Pflichtmitgliedschaft in der zuständigen Kammer, dies gilt z. B. für Ärzte, Apotheker, Notare, Steuerberater etc.
Die Kammern vertreten die Interessen ihrer Mitglieder und stellen gleichzeitig sicher, dass sie ihren Beruf ordnungsgemäß ausüben. Für alle anderen freien Berufe besteht in der Regel keine Kammerpflicht.
Hinweis: Auch durch die Wahl der Rechtsform kann eine Kammerpflicht, z. B. bei der IHK, entstehen, etwa bei einer GmbH, OHG oder Kapitalgesellschaft.

Genehmigung zur Ausübung bei Freien Berufen

Es gibt zahlreiche freiberufliche Tätigkeiten, bei denen zur Ausübung der Tätigkeit eine fachspezifische Ausbildung bzw. ein bestimmter Abschluss nachgewiesen werden muss. Auch hier gibt es wieder unterschiedliche Anforderungen. Der Heilpraktiker muss z. B. einen Nachweis beim Gesundheitsamt vorlegen. Damit verbunden ist eine umfangreiche theoretische und praktische Prüfung. Der Bundesverband für Freie Berufe oder das Institut für Freie Berufe gibt Auskunft darüber, was konkret erforderlich ist.

Ordnungsamt

Wenn Sie im Bereich Gastronomie gründen, sind besondere Auflagen des örtlichen Ordnungsamtes zu beachten. Informationen dazu gibt es direkt beim Ordnungsamt bzw. online auf den Seiten des jeweils für Sie zuständigen Ordnungsamtes.

Bauamt

Wenn Sie Schilder aufhängen möchten, ist je nachdem wo und was auch das Bauamt vorab um Erlaubnis zu fragen. Bemessungsgrundlage für die Gebühr kann ein Kostenvoranschlag sein. Hier kann es regional aber auch zu Unterschieden kommen. Fragen Sie direkt beim Bauamt nach, dann sind Sie auf der sicheren Seite.

Berufsgenossenschaft

Je nachdem, in welcher Branche Sie gründen und oder Mitarbeiter haben werden, ist ggf. auch eine Berufsgenossenschaft für Sie zuständig. Eine Liste aller Berufsgenossenschaften ist beim Verband der Deutschen Gesetzlichen Unfallversicherung hinterlegt (DGUV). Dort können Sie weitere Informationen erfragen.

Krankenversicherung

Mit dem Schritt in die Selbstständigkeit können Sie sich grundsätzlich entscheiden, ob Sie einer privaten Krankenversicherung beitreten oder freiwillig in der gesetzlichen Versicherung bleiben möchten. Der Wechsel in die private Krankenversicherung eröffnet Ihnen als Selbstständigen die Möglichkeit, sich ggf. leistungsstärker und auch evtl. beitragsgünstiger zu versichern. Es muss gar nicht teurer sein als die gesetzliche Krankenkasse – ein Vergleich lohnt sich immer. Der Abschluss einer zusätzlichen Krankentagegeldversicherung sollte je nach Entscheidung und persönlicher Situation überlegt werden. Wenn Sie sich für eine freiwillige Mitgliedschaft in der gesetzlichen Krankenversicherung entscheiden, wird Ihr Einkommen als Grundlage für den zu zahlenden Beitragssatz angesetzt (z. B. Ihr Gewinn oder andere Einkünfte). Zum Start gibt es einen Mindestbetrag, der berücksichtigt werden muss (zwischen 153,53 und 160,11 € plus kassenindividuellem Zusatzbeitrag ab 2022 bei einem monatlichen Einkommen bis 1.096,67 €). Den aktuell gültigen Satz erfragen Sie bitte bei Ihrer Krankenkasse. Liegt Ihr tatsächliches Einkommen über der Schätzung der Krankenkasse, kann es zu Nachzahlungen kommen. Hierfür sollten Sie unbedingt Rücklagen bilden.

Tipp: Im Zweifelsfall empfehle ich erst einmal die gesetzliche Krankenversicherung, da diese die günstigere Lösung ist, wenn Ihr Gewinn niedrig ist. Lassen Sie sich mit dieser wichtigen Entscheidung Zeit und wägen Sie ab, welche Lösung für Sie die richtige ist. Eine gute Beratung vom Fachmann kann hier helfen, die Gedanken zu sortieren.

Finanzamt

Aus Erfahrung weiß ich: Auch hier arbeiten nur Menschen, also keine Angst und Scheu! Die meisten Mitarbeiter sind viel hilfsbereiter als ihr Ruf, erst recht, wenn man entsprechend freundlich an Telefonate bzw. persönliche Gespräche geht. Wenn Sie das von Anfang an beherzigen, ist es dasselbe wie mit allen anderen Kontaktstellen, nämlich nichts Problematisches.

Selbstverständlich kann das Finanzamt keine individuellen steuerrechtlichen Fragen beantworten, dies sollten Sie immer einem Steuerberater überlassen. Wenn Sie sich von Beginn an einen vertrauensvollen Steuerberater suchen, haben Sie mit dem Finanzamt übrigens so gut wie gar nichts mehr zu tun. Ihr Berater wird Sie an Fristen, Obergrenzen etc. erinnern und die Abwicklung Ihrer Steuererklärung übernehmen. Auch die Korrespondenz mit dem Finanzamt läuft normalerweise komplett über Ihren Steuerberater.

Wichtig, damit er für Sie möglichst viel rausholen kann, ist eine gute Ordnung in Ihrem Ablagesystem. Rechnungsnummer, Steuernummer, Einnahmen- und Ausgabenübersicht usw. sollten Sie von Tag eins Ihrer Selbstständigkeit an sorgfältig und vor allem konsequent organisieren. Fragen Sie auch ruhig Ihren Steuerberater, wie es für ihn am übersichtlichsten ist. Dadurch spart er Zeit und Sie Geld.

Praxis-Tipp: Heften Sie jede Rechnung direkt ab, das dauert nicht länger als eine halbe Minute. Wenn Sie erst anfangen, zu sammeln, dauert das Ganze am Ende viel länger und es frustriert Sie zudem. Eine halbe Minute aber hat man immer übrig und Sie wissen immer, wo alles aktuell zu finden ist.

IHK – Industrie- und Handelskammer

Gewerbetreibende werden automatisch Pflichtmitglied bei der örtlichen IHK. Die Anmeldung bei der IHK übernimmt das Gewerbeamt. Auch in Punkto IHK gibt es bzgl. Angebot, Leistung und Beitragsgebühr regional Unterschiede. Die Gebühr richtet sich nach Ihrem erwirtschafteten Gewinn, häufig gibt es für Gründer einen reduzierten Beitrag. Darüber hinaus bietet die IHK-Gründern viele wertvolle Informationen und andere spezielle Angebote.

HWK – Handwerkskammer

Die HWK ist das Pendant zur IHK für alle Handwerksunternehmen. Die Leistungen und Gebührenordnung sind ebenfalls vergleichbar mit der IHK.

Arbeitsagentur

Für zahlreiche Gründungen ist die Arbeitsagentur eine wichtige Anlaufstelle, auch wenn viele nicht mehr aus der Arbeitslosigkeit gründen, sondern aus ganz frei gewählter Motivation. Bei der Arbeitsagentur gibt es die Möglichkeit, den sogenannten Gründungszuschuss zu beantragen, wenn Sie aus der Arbeitslosigkeit gründen. Dies ist eine Kann-Leistung. Das bedeutet, Sie haben hierauf keinen Anspruch. Eine Bewilligung der Agentur zum Gründungszuschuss ist Ermessenssache, Voraussetzungen und Bedingungen ändern sich regelmäßig. Den jeweils aktuellen Stand finden Sie auf meiner Website.

Fazit: Es klingt – so auf einmal niedergeschrieben – nach viel Arbeit und einer langen Checkliste (im Downloadbereich meiner Website zu finden), bevor Sie endlich loslegen können. Wenn Sie sich aber Ihre Selbstständigkeit einmal als Feier zum Start in einen neuen, spannenden Lebensabschnitt vorstellen und die einzelnen

Punkte als Einkaufsliste für Ihre persönliche Party, dann ist das alles nur noch ein Teil der Vorbereitung. Etwas, das dazugehört und in der Regel nur einmal anfällt. Freuen Sie sich über jeden „Erledigt-Haken", den Sie setzen können. Wieder ein Schritt in Richtung beruflicher Selbstbestimmung und Freiheit.

10.3 WAHL DER RECHTSFORM

Die Wahl der Rechtsform will gut durchdacht sein, denn sie stellt sowohl juristisch als auch betriebswirtschaftlich die entscheidenden Weichen für die spätere Zukunft und Entwicklung Ihres Unternehmens. Durch die Rechtsform wird das rechtliche Grundgerüst bestimmt, mit der die gesetzlichen Vorgaben in Bezug auf die Errichtung, Haftung des Betriebes oder der Liquidation der Gesellschaft bestimmt werden.

Vorab sei eins gesagt: Die optimale Rechtsform, die allen gewünschten Bedürfnissen und Vorstellungen entspricht, gibt es nicht. Viel wichtiger ist es, die Rechtsform zu wählen, die allen Gegebenheiten und Zielen Ihres Unternehmens am besten gerecht wird. Natürlich können sich diese im Laufe der Zeit ändern, wenn z. B. durch eine Expansion eine neue Haftungsbewertung erforderlich wird. Die Rechtform kann aufgrund neuer Situationen nachträglich wieder geändert werden. Beachten sollten Sie auch die unterschiedlichen Kosten bei der Wahl der Rechtsform und prüfen, was wirklich nötig ist.

Sie haben die Wahl, entscheidend ist u. a. die Beantwortung der folgenden Fragen:

- Gründen Sie alleine oder haben Sie einen Partner?
- Soll die Haftung beschränkt werden?
- Welche finanziellen Mittel stehen für die Deckung der Gründungskosten zur Verfügung?
- Gibt es in dieser Branche eine übliche Rechtsform?
- Wird die Rechtsform ggf. von einem Franchisegeber vorgegeben?

- Ist es wichtig, mit der Rechtsform einen besonders seriösen Eindruck/ein Image zu vermitteln?
- Möchten Sie eine „einfache" Rechtsform oder nehmen Sie den laufenden Arbeitsaufwand, den manche Rechtsform mit sich bringt, in Kauf?

Je nachdem, wie Ihre Antworten ausfallen, werden Sie bei der folgenden Auflistung verschiedener Rechtsformen bereits einschätzen können, welche für Sie infrage kommt. Bei einem größeren Gründungsumfang empfehle ich im Zweifelsfalle den Rat eines Rechtsanwaltes, um von Anfang an keine fatalen Entscheidungen zu treffen. Ich setze bei den folgenden Beispielen den Fokus auf die gängigsten Rechtsformen, die am häufigsten bei einer Gründung gewählt werden.

Der Spitzenreiter: Einzelunternehmen

Wer alleine ein Unternehmen gründet und keine besondere Rechtsform auswählt, ist automatisch ein Einzelunternehmer. Mehr als 70 % aller Gründungen in Deutschland starten in dieser Form. Mit dieser Rechtsform ist die selbstständige Tätigkeit einer natürlichen Person geregelt, Eigentümer und Geschäftsführer sind in einer Person vereint. Der Inhaber entscheidet über alle Belange, trägt aber auch gleichzeitig für alles die vollen Risiken und haftet mit seinem gesamten Privatvermögen.
Die Gründung als Einzelunternehmer geschieht quasi automatisch durch die Geschäftseröffnung, ohne dass es besonderer Formalitäten bedarf. Notwendig sind lediglich die Anmeldung beim Gewerbeamt und die Meldung beim Finanzamt. Erstere ist bei Freiberuflern nicht erforderlich.
Das Startkapital unterliegt keinerlei gesetzlichen Vorgaben – auch eine Einlage in irgendeiner Form ist nicht erforderlich. Sie können theoretisch mit 1 Euro Budget starten.

Vorteile:

- Die Gründung ist unbürokratisch, weder Rechtsanwalt noch Notar sind erforderlich
- Kein Mindestkapital nötig
- Gründungskosten sowie Gründungs- und Verwaltungsaufwand sind gering
- Sie können (zumindest in der Gründungsphase bzw. Freiberufler immer) mit der Einnahmen-Überschuss-Rechnung arbeiten
- Privatentnahmen stehen im Belieben des Inhabers
- Alleinige Leitungsbefugnis
- Als Gewerbetreibender profitieren Sie von einem Gewerbesteuerfreibetrag in Höhe von 24.500 Euro (Gewinn)
- Gewerbesteuer wird auf die persönliche Einkommensteuer angerechnet (begrenzt auf das 3,8 fache des Gewerbesteuermessbetrags, maximal in Höhe der tatsächlichen Gewerbesteuerschuld)

Nachteil:

- Persönliche Haftung mit dem gesamten Privatvermögen

Sie geraten an dieser Stelle ins Stocken und malen sich aus, was das genau bedeutet? Ich sage meinen Kunden immer gerne: Wenn Sie sich selbst nicht (ver-)trauen, wie sollen es dann Ihre Kunden? Und was befürchten Sie im schlimmsten Fall? Sie dürfen diesen Punkt selbstverständlich nicht auf die leichte Schulter nehmen, allerdings sollten Sie sich vor der Gründung sicher sein, dass Ihre Geschäftsidee tragfähig ist und es demnach nicht zum „Schlimmsten“ kommen wird.

Die GbR (Gesellschaft bürgerlichen Rechts)

Wenn Sie mindestens zu zweit oder mit mehreren Gründern sind, sind Sie gesetzlich gesehen automatisch, ohne dass Sie etwas vertraglich festgelegt haben, eine GbR. Es genügt dabei, wenn sich zwei Personen zu einem „bestimmten Zweck“ zusammentun. Ein schriftlicher Gesellschaftsvertrag ist bei dieser Rechtsform nicht zwingend erforderlich. Um aber Rechte und Pflichten, z. B. die Verantwortungsbereiche, Kapitaleinlagen und Aufgaben, verbindlich untereinander festzulegen, ist ein solcher Vertrag unbedingt nötig. Damit vermeiden Sie Kompetenzstreitigkeiten und somit Unfrieden „an Bord".

Auch sonst ist die GbR vergleichsweise unkompliziert, genau wie ein Einzelunternehmen. Sie kann mit minimalem Aufwand gegründet und betrieben werden. Jeder Gesellschafter haftet wie ein Einzelunternehmer mit seinem gesamten Privatvermögen in voller Höhe für die Verbindlichkeiten des gemeinsamen Unternehmens. Genau wie beim Einzelunternehmer fällt die Gewerbesteuer nur auf einen Gewinn an, der den (gemeinsamen) Freibetrag von 24.500 Euro übersteigt – sofern Sie nicht sowieso Freiberufler sind. Auch hier wird eine eventuelle Gewerbesteuer auf die persönliche Einkommensteuer angerechnet (siehe oben).

Einzige formelle Voraussetzung der GbR: Die Vor- und Zunamen von mindestens zwei Gesellschaftern müssen in der Namensgebung verwendet werden. Tatsächliche Nachteile hat die GbR nur dann, wenn man sich auf die gesetzlichen Regelungen verlässt und keinen Gesellschaftsvertrag schließt. Zudem ist es für ein professionelles Auftreten sinnvoll, die Regelungen zur Geschäftsführung festzulegen.

Hinweis: Einzelunternehmen sowie GbR können sowohl Gewerbetreibende als auch Freiberufler sein.

Partnergesellschaft (nur für Freiberufler)

Wenn Freiberufler im Team gründen, macht unter Umständen die Partnergesellschaft Sinn (ebenfalls eine Personengesellschaft). Auch hier wird kein Mindestkapital gefordert. Der wichtigste Vorteil liegt hier in der Haftung. Anders als bei der GbR kann sie z. B. gegenüber Mandanten, Patienten und Kunden auf das Privatvermögen desjenigen Partners beschränkt werden, der mit dem Auftrag betraut ist. Da nur Freiberufler Partner werden dürfen, gelten auch hier die vereinfachten Buchführungsvorschriften und vor allem die Gewerbesteuerfreiheit.

Nach dem Einzelunternehmen sind die GmbH und die UG die am häufigsten gewählten Rechtsformen.

GmbH (Gesellschaft mit beschränkter Haftung)

Die GmbH kann für Einzel- oder Teamgründungen gewählt werden. Hierbei ist die Haftung auf das Vermögen der Gesellschaft begrenzt, die Gesellschafter haften nur mit ihrer Einlage. Gerade bei Franchisenehmern ist diese Rechtsform sehr beliebt. Allerdings ist sie mit wesentlich höherem Gründungsaufwand verbunden als die bisher dargestellten. Der Gesellschaftsvertrag muss notariell beurkundet und die Gesellschaft muss in das Handelsregister eingetragen werden. Es muss mindestens 25.000 Euro Stammkapital eingezahlt werden, wovon die Hälfte zum Start direkt einzulegen ist.
Für die Gründung einer GmbH wird zunächst der Gesellschaftsvertrag von einem Notar erstellt, anschließend wird der Vertrag von allen Gesellschaftern unterzeichnet. Nachdem der Notar den unterzeichneten Vertrag beurkundet hat, erfolgt der Eintrag der GmbH ins Handelsregister. Die Haftung der GmbH ist zwar auf die Einlage beschränkt, Kreditinstitute verlangen jedoch häufig bei der Kreditaufnahme zusätzliche private Sicherheiten. Somit entsteht doch wieder eine Haftung durch das private Vermögen. Der Hauptvorteil ist hier zwar die Haftungsbeschränkung, jedoch führt gerade diese bei jungen Unternehmen oft zu Misstrauen bei Geschäftspartnern. Es kann also sein, dass diese zur Absicherung ihrer Forderungen persönliche Bürgschaften verlangen.

UG (Unternehmergesellschaft) mit Haftungsbeschränkung

Seit der Einführung 2008 hat sich diese Gesellschaftsform für kleinere Gründungen neben dem Einzelunternehmen und der GbR zur wichtigsten Alternative gemausert. Man nennt diese Rechtsform auch kleine Schwester der GmbH oder Mini-GmbH. Größter Unterschied zur GmbH: Als Stammkapital genügt eine Einlage in

Höhe von 1 Euro. Für die Praxis ist jedoch zu empfehlen, dass mit der Höhe zumindest die Gründungskosten und Anlaufverluste abgedeckt sind.
Bei dieser Rechtsform muss ein Unternehmen immer die Bezeichnung „UG“ führen, um das geringe haftende Kapital im Rechtsverkehr deutlich zu machen. Ziel ist, auf das Stammkapital von mindestens 25.000 Euro zu kommen, entsprechend einer „normalen“ GmbH. Bis das erreicht wird, ist die UG verpflichtet, eine Rücklage zu bilden, in die jährlich ein Viertel des um einen möglichen Verlustvortrag aus dem Vorjahr geminderten Jahresüberschusses eingestellt wird. Auch hier gilt wie bei der GmbH: Im Geschäftsverkehr mit jungen Unternehmen erscheint diese Rechtsform bei manchen Geschäftspartnern „verdächtig“. Für eine vertrauenswirkende Außendarstellung ist die UG, ähnlich wie die nachfolgende Limited, eher nicht empfehlenswert.

Hinweis: Aus Sicht des Finanzamtes ist die GmbH und die UG grundsätzlich ein Gewerbebetrieb und somit gewerbe- und körperschaftsteuerpflichtig. Eine Anrechnung der Gewerbesteuer auf persönlicher Einkommensteuerebene erfolgt nicht, auch den erwähnten Freibetrag für die Gewerbesteuer gibt es bei der Kapitalgesellschaft nicht.

Ltd. (Limited)

Unternehmen, die ausschließlich in Deutschland tätig sind, können als Limited gründen und agieren. Die Limited ist als Alternative zur GmbH beliebt, da auch hier nicht mit dem Privatvermögen gehaftet wird. Die Gründung bedarf keiner notariellen Beurkundung des Gesellschaftsvertrages, muss aber im Handelsregister angemeldet werden. Darüber hinaus muss beim „Companies House“, dem zentralen englischen Gesellschaftsregister, ein Antrag auf Eintragung gestellt werden.

Wichtig: Für eine Ld. müssen Sie offiziell in England ein Office unterhalten. Dafür gibt es Servicefirmen, die dies gegen teilweise hohe Gebühren für Sie „regeln“. Diese Beträge sollten Sie in Ihrer Planungsrechnung berücksichtigen.

Grundsätzlich gilt: Im Geschäftsverkehr ist die Ld. keine besonders angesehene, professionelle bzw. vertrauenswürdige Gesellschaftsform.

Fazit: Die Wahl einer Rechtsform ist nicht für alle Ewigkeit entscheidend und kann jederzeit zu einem späteren Zeitpunkt gewechselt werden, etwa vom Einzelunternehmer zur GmbH. Bei einem umfassenden Gründungsvorhaben empfiehlt es sich, die Beratung durch einen Rechtsanwalt in Anspruch zu nehmen.

10.4 DER RICHTIGE FIRMENNAME: WAS PASST, WAS WIRKT UND WAS IST ERLAUBT/VERBOTEN?

Der Name eines Unternehmens oder Produktes ist entscheidend für den Erfolg, daher lohnt es sich, diesem Abschnitt in der Gründungszeit genügend Zeit einzuräumen. Der Name sollte einfach und verständlich sein, gut aussprechbar und schreibbar, kurz und prägnant, einfach in Erinnerung bleiben und einen Wiedererkennungswert haben. Er sollte eindeutig und nicht verwechselbar sein und sich von anderen unterscheiden, möglichst keine Abkürzungen. Der Name sollte Interesse wecken, ein Bild im Kopf und keine negativen Assoziationen erzeugen und idealerweise einen USP (Unique Selling Point, also ein Alleinstellungsmerkmal) haben.

Eine kleine Checkliste für die Namensfindung

- Wählen Sie einen Namen, der zu Ihnen, Ihrer Dienstleistung/Ihrem Produkt und Ihrer Branche passt und den Ihre Zielgruppe versteht.
- Der Firmenname sollte möglichst Auskunft über die Dienstleistung geben bzw. darüber, was Sie auszeichnet.
- Ist der Name gut schreib- und aussprechbar für Kunden aus dem In- und ggf. Ausland?
- Der Firmenname darf nicht zu lang sein und sollte sich auch in einem Logo gut umsetzen lassen.

- Prüfen Sie genau, ob der ausgewählte Name keine negativen Assoziationen weckt und eine unzweifelhafte Bedeutung hat.
- Lassen Sie einen Fachmann prüfen, ob der Name bereits als Marke eingetragen oder verfügbar ist. Schauen Sie auch nach Konkurrenz mit ähnlichen Namen.
- Um juristischen Schwierigkeiten zuvorzukommen, muss die Verfügbarkeit des Namens gesichert sein, d. h. dass eine entsprechende Markeneintragung beim Deutschen Marken- und Patentamt noch nicht vorliegen darf.
- Um zu prüfen ob der Name oder ein ähnlicher noch nicht vergeben ist, nutzen Sie zusätzlich Suchmaschinen, Firmenregister und das Deutsche Patent- und Markenamt (DPMA).
- Gehen Sie sicher, dass eine passende Website-Domain frei ist und falls ja – sichern Sie sich diese, möglichst auch mit verschiedenen Endungen (.de, .com).
- Sprechen Sie mit anderen über den Namen und lassen Sie sich Feedback geben.

Persönlicher Tipp: Wählen Sie Ihren Firmennamen wirklich sorgfältig aus. Er wird Sie im besten Fall über Jahrzehnte begleiten und daher sollten Sie sich mit ihm richtig „wohlfühlen“. Ein passender Firmenname trägt darüber hinaus wesentlich dazu bei, dass Ihr Marketing greift und für Bekanntheit am Markt sorgt. Wenn Ihr Name für sich selbst spricht, können Sie Ihr Marketing-Budget deutlich reduzieren und somit bares Geld sparen.

Branche und die Zielgruppe: Darauf kommt es an.

Bei der Auswahl des Firmennamens spielt die Branche, in der Sie sich bewegen, eine entscheidende Rolle. Der Name eines Nagelstudios etwa wird in den seltensten Fällen auch zu einem Consulting-Unternehmen passen. Und wenn Sie Blumen verkaufen möchten, bietet sich ein Kfz-Werkstattname kaum an. Auch wenn

das selbstverständlich klingt, birgt dieser Punkt einige Tücken. Gerade wenn Sie frisch in eine Branche einsteigen, sollte an erster Stelle eine Analyse stehen: Wie nennt sich die Konkurrenz? In welche Richtung sollte der Name gehen? Was passt zu meinem Produkt oder meiner Dienstleistung? Sicher möchten Sie Ihre Zielgruppe, also Ihre (zukünftigen) Kunden, treffsicher ansprechen. In einer Sprache und mit einem Vokabular, das sie kennen und schlussendlich zu Ihnen führt.
Überlegen Sie vor der Namensauswahl genau, wie Ihre Zielgruppe aussieht und welcher Sprachgebrauch bei Ihren Kunden auch nachhaltig „ankommt". Eine gründliche Recherche zu Beginn kann auf lange Sicht den entscheidenden Unterschied machen. Wenn Sie Hilfe bei der richtigen Wortwahl benötigen, können Sie sich auch Unterstützung durch einen professionellen Texter holen.

Die Sache mit der Konkurrenz – wenn alle Namen bereits vergeben scheinen

Sie werden bei der Namenssuche schnell feststellen, dass es mitunter lange dauern kann, bis Sie einen „freien" Firmennamen finden. In fast jeder Branche treffen Sie auf Konkurrenz, von denen die Mehrheit bereits über einen Namen, eine Domain und ein Logo verfügt. Und die natürlich auch nach einem passenden Namen gesucht hat, bevor eine Entscheidung gefallen ist. Man kann dieser Schwierigkeit aus dem Weg gehen, indem man beispielsweise seinen eigenen Namen verwendet. Das geht aber nur, wenn dieser sich dafür anbietet, bezüglich Einfachheit in Schreibweise und Klang. Zu kompliziert darf es nicht sein, sonst stolpern Kunden darüber. Sollte man Sie allerdings aufgrund Ihrer Vita kennen, kann sich die Wahl des eigenen Namens durchaus positiv auf Ihren Erfolg auswirken. Je nach Branche kann auch ein selbst erdachter Firmenname, ein erfundenes Wort, die Lösung sein. Dazu bedarf es allerdings einiger Kreativität und Fantasie.

Auch wenn es länger dauert: Sie sollten sich unbedingt die nötige Zeit nehmen, um sorgfältig über einen Namen nachzudenken.

So bitte auf keinen Fall

Negative Assoziationen können sehr subjektiv sein und von Mensch zu Mensch stark variieren. Was Sie aber vermeiden können, sind Begriffe, die grundsätzlich ein „No Go“ sind. Worte, die allgemein ein Gefühl von Unwohlsein, Empörung, Ekel, Argwohn etc. hervorrufen, sind reine Provokation und das ist wenig ratsam. Ein auf diese Weise gewollt aufmerksamkeitserregender Unternehmensname ist – wenn überhaupt – nur für sehr spezielle Branchen, etwa die Medienbranche, geeignet. Eine echte Marke wird daraus in den seltensten Fällen. Sie sollten sich stets der Bedeutung des Namens bewusst sein und unterschiedliche Quellen dazu überprüfen. Das gilt insbesondere dann, wenn Sie Worte aus einer Sprache wählen, in der Sie sich nicht auf muttersprachlichem Niveau bewegen. Dann sollten Sie erst recht gründlich prüfen, 1. welche Botschaft das Wort tatsächlich hat und 2. ob internationale Markenansprüche vorliegen.

Statt mit Negativ- und Provokativschlagzeilen kurzfristig aufzufallen und zu „punkten“, ist ein kreativer, treffender und positiv besetzter Firmenname auf lange Sicht der einzige Weg zum Erfolg. Schließlich sollte Ihnen der Name Ihres Unternehmens auch noch in 10 oder mehr Jahren gefallen und nicht nur heute.

Tipp: Achten Sie bei der Auswahl des Firmennamens nicht allzu sehr auf Trends, sondern wählen Sie etwas Zeitloses, das auch in vielen Jahren noch Bestand und Aussagekraft hat.

Fangen Sie mit einem Brainstorming an und erlauben Sie sich jegliche Idee. Tauschen Sie sich mit Ihrem Umfeld dazu aus und holen Meinungen ein. Ein Firmenname darf durchaus frech, provokant und fordernd sein – aber eben alles in einem geschmackvollen Rahmen. Der Name sollte in jedem Fall eindeutig und nicht zu „geheimnisvoll“ sein. Nicht jeder Kunde hinterfragt Namen und wofür diese stehen, und kennt den Hintergrund wie z.B. bei Apple – der Apfel war die Lieblingsfrucht von Steve Jobs. Das kann nicht jeder wissen, allerdings hat es in diesem besonderen Beispiel trotzdem mit dem Erfolg geklappt.

Daneben dürfen Marken- und Schutzrechte anderer durch den gewählten Namen nicht verletzt werden, andernfalls drohen Schadensersatzklagen und Strafgelder. Zusätzlich bringt die nachträgliche Namensänderung weitere Kosten mit sich, also machen Sie es am besten von Beginn an richtig.

Fazit: Einen guten Unternehmensnamen zu finden braucht Zeit und kreativen Raum. Versuchen Sie trotzdem, an einem bestimmten Punkt den Absprung zu schaffen und sich zu entscheiden.

Hinweise:

- Bei eingetragenen Unternehmen muss der Firmenname in jedem Fall auch die Rechtsform enthalten.
- Für Sach- oder Tätigkeitbezeichnungen darf keine Branchenbezeichnung verwendet werden, z. B. Bestatter GmbH. Der Firmenname muss sogenannte Kennzeichnungs- und Unterscheidungskraft besitzen.
- Bestimmte Begriffe dürfen wegen möglicher Irreführung nicht ohne besondere Erlaubnis verwendet werden, etwa Bank, Bio, europäisch.

10.5 DIE GESCHÄFTSBEZEICHNUNG

Wenn Sie eine Rechtsform wählen, die nicht im Handelsregister eingetragen wird, z. B. als Freiberufler, GBR, Einzelunternehmer, Kleingewerbetreibender, ist es möglich, die sogenannte Geschäftsbezeichnung zu nutzen. Diese unterscheidet sich von einem Firmennamen.

Eine Geschäftsbezeichnung ist ein Wahlname, der im Wesentlichen eine wirtschaftliche Bedeutung hat. Durch die Wahl einer individuellen Geschäftsbezeichnung kann eine Identität und Unterscheidbarkeit von anderen Unternehmen hergestellt werden. Im Namen können Sie erkennen lassen, um was es geht z. B. Pflegedienst Serena oder Hotel Müller. Beachten Sie bitte, dass Sie hierbei keinen falschen Eindruck erwecken. Sie können sich auch nicht Geschäftsführer nennen, wenn Sie ein Einzelunternehmer sind. Dann sind Sie „nur“ Inhaber.

Als Einzelunternehmer müssen Sie mit Vor- und Zunamen auftreten, wenn Sie einen Fantasienamen gewählt haben. Dies bedeutet auf allen Dokumenten und Geschäftsunterlagen, die nach außen sichtbar sind wie Briefpapier, Rechnungen, Angebote, Flyer etc. muss Ihr Name deutlich lesbar oder erkennbar sein.

Ähnlich ist es bei einer GbR, auch hier müssen Vor- und Zuname aller beteiligten Gesellschafter mit dem Zusatz GbR gekennzeichnet sein, wenn die Geschäftsbezeichnung verwendet wird. Für eine Geschäftsbezeichnung ist zudem zu prüfen, ob sie bereits existierenden Namen oder Geschäftsbezeichnungen anderer Unternehmen gleicht oder ähnelt sowie ob bestehende Markenrechte verletzt werden könnten.

10.6 STEUERLICHE BEGRIFFE, RECHNUNG

Kein Scherz: Ich gratuliere Ihnen, wenn Sie Steuern zahlen müssen! Denn das ist das Zeichen, dass Sie es geschafft haben und mit Ihrer Selbstständigkeit Gewinne erzielen.

Als Angestellter waren Sie es gewohnt, „automatisch“ jeden Monat Steuern zu zahlen, die ohne Ihr Zutun vom Gehalt abgezogen und an das Finanzamt überwiesen wurden. Das Überweisen der Steuern nun eigenverantwortlich zu tun, tut den meisten Gründern anfangs weh. Bedenken Sie dabei aber immer: Wenn die Steuern mehr werden, sollten Sie stolz sein und nicht frustriert. Heißt es doch, dass Ihr Geschäft immer erfolgreicher wird und Sie viele Dinge goldrichtig machen.

Einige Begrifflichkeiten aus dem Bereich Steuern zum besseren Verständnis (die Informationen können keine Beratung durch einen Steuerberater ersetzen):

Einkommensteuer (nur auf persönlicher Ebene)

Die Einkommensteuer wird auf persönlicher Ebene berechnet, und zwar auf das zu versteuernde Einkommen. Auch die meisten Angestellten geben nach Jahresende eine Einkommensteuererklärung ab, in der alle Einkünfte unter Abzug von Werbungskosten und Sonderausgaben ermittelt werden. Im Grunde also nicht anders als vorher auch.

- Besteuert wird das gesamte Einkommen, bestehend aus z. B. Gehalt, Dividenden oder anderen Einnahmen.
- Es gibt 7 Einkunftsarten, die Eingruppierung ist abhängig von der Tätigkeit (freiberuflich, gewerblich, angestellt ...).
- Jede Einkunftsart unterliegt besonderen gesetzlichen Regelungen.

Umsatzsteuerliche Begriffe:

Mehrwertsteuer (MwSt.)

Die MwSt. ist der allgemeine Begriff aus Sicht des Endverbrauchers, der diese, z. B. wenn er ein Brot kauft, zahlt (19 %/7 %).

Umsatzsteuer (USt.)

Die USt. ist die eingenommene Mehrwertsteuer aus der Sicht des Verkäufers, der eine Rechnung ausstellt.

Vorsteuer (VSt.)

Die VSt. ist die vom Unternehmen (bereits) gezahlte Umsatzsteuer, die er mit der von seinen Kunden erhaltenen Umsatzsteuer verrechnen kann.

Umsatzsteuer-Voranmeldung

Von der eingenommenen Umsatzsteuer, z. B. aus den Rechnungen, die Sie ausgestellt haben, wird die von Ihnen bereits bezahlte sogenannte Vorsteuer abgezogen. Das kann etwa die MwSt. sein, die Sie auf eingekauftes Druckerpapier bezahlt haben. Diese Daten müssen monatlich bis zum 10. des Folgemonats mittels Elster online an das Finanzamt übermittelt werden, die sogenannte Umsatzsteuer-Voranmeldung. Dazu sind Sie verpflichtet, ausgenommen Kleinunternehmer.

In den meisten Fällen kann zumindest in den ersten Jahren ein Antrag auf die sog. IST-Besteuerung gestellt werden. Freiberufler dürfen nach dieser Methode, unabhängig von der Einhaltung bestimmter Umsatzgrenzen, immer vorgehen. Dies bedeutet, dass nur die Umsatzsteuer abzuführen und anzumelden ist, die auch vereinnahmt wurde. Sie müssen die Umsatzsteuer, die Sie in Ihren Ausgangsrechnungen geltend machen, also nicht vorfinanzieren. Gegen diese Umsatzsteuer dürfen Sie sämtliche Vorsteuern rechnen, die Sie bezahlt haben.

Gründer müssen grundsätzlich monatliche Umsatzsteuervoranmeldungen abgeben. Sie können auch eine sogenannte Dauerfristverlängerung beantragen, durch die Sie erst einen Monat später anmelden müssen (z. B. den Monat Januar nicht bis zum 10. Februar, sondern erst zum 10. März). Für diese Dauerfristverlängerung ist jedoch eine sog. Sondervorauszahlung in Höhe 1/11 der geschätzten Umsatzsteuerjahresschuld zu leisten, quasi als Sicherheit für das Finanzamt.

Die quartalsweise Abgabe der Umsatzsteuervoranmeldung ist in der Regel erst nach Ablauf der ersten 2 Gründerjahre möglich und auch nur, wenn die jährliche Umsatzsteuer unter EUR 7.500 liegt.

Praxis-Tipp: Ich rate in den meisten Fällen von dieser Möglichkeit ab, denn es ist einfacher, monatlich zu haushalten, als im Kopf immer noch die MwSt., die Sie an das Finanzamt abgeben müssen, auf dem Konto zu kalkulieren.

Generell sind alle innerdeutschen Umsätze steuerpflichtig, es kann aber unter Umständen Befreiungen geben (z. B. für Art des Umsatzes).

Der allgemeine Steuersatz in Deutschland beträgt 19 %. Bei Gütern des täglichen Bedarfs wie Brot, Butter und Zeitschriften liegt er bei 7 %.

Umsatzsteuerbefreiung

Für einige Berufsgruppen oder Leistungen gilt eine Umsatzsteuerbefreiung, etwa für Finanzdienstleistungen, kulturelle Einrichtungen, Ärzte und Künstler.

Umsatzsteuer-Identifikationsnummer (USt.-ID)

Diese brauchen Sie nur, um bei Käufen im EU-Ausland keine Umsatzsteuer zahlen zu müssen. Der Lieferant kann Ihnen die Ware dann umsatzsteuerfrei abgeben. Umgekehrt benötigen Sie die ID, um an gewerbliche Kunden in der europäischen Union umsatzsteuerfrei liefern zu können.

Kleinunternehmer-Regelung

Unternehmer können von dieser Regelung Gebrauch machen, wenn:

Umsatz lfd. Jahr < 22.000,00 € **und** Folgejahr < 50.000,00 €

In diesem Fall ist kein Ausweis der USt. auf den Rechnungen, die Sie ausstellen, erforderlich. Aber dann ist auch keine Verrechnung der ausgegebenen Vorsteuer, z. B. bei Anschaffungen, möglich. Brutto ist identisch mit netto.

Auch wenn es einfacher klingt: Kleinunternehmer zu sein sollte nicht Ihr Ziel sein! Davon können Sie auf Dauer nicht leben.

Zudem: Welche Wirkung hat das auf Ihre Kunden? Mitunter könnte man Ihnen unterstellen, dass Sie nicht „voll" im Geschäft sind bzw. dass Sie nicht erfolgreich genug für ausreichend Gewinn sind.

Wichtig, falls Sie Kleinunternehmer sind: Auf jeder Rechnung muss eine Pflichtangabe stehen, die z. B. lauten kann: „Rechnungsstellung erfolgt ohne Ausweis der Umsatzsteuer nach §19 UStG."

Einnahmen-Überschuss-Rechnung

Die Einnahmen-Überschuss-Rechnung ist eine vereinfachte gesetzlich vorgegebene Gewinnermittlungsmethode und unterliegt dem Einkommensteuergesetz. Als Besonderheit bei dieser Gewinnermittlungsmethode gilt das Zufluss- und Abflussprinzip: Nur die Einnahmen bzw. Ausgaben, die in dem entsprechenden Wirtschaftsjahr eingenommen bzw. gezahlt wurden, sind zu berücksichtigen. Der hieraus errechnete Überschuss ist die Basis, von der aus das Finanzamt – nach Abzug der Sonderausgaben (Rentenversicherungsbeiträge, Kranken- und Pflegeversicherungsbeiträge, ggf. weitere beschränkt abziehbare Versicherungen etc.) Ihre persönliche Einkommensteuer berechnet.

Bilanzierungspflicht

Gewerblich tätige Unternehmer sind nur zur Bilanzierung verpflichtet, wenn ihre Umsätze oder Gewinne im Vorjahr bestimmte Grenzen überschritten haben. Da sich diese auch ändern können, sei Folgendes genannt:

Bei der Gewinnermittlung durch Buchführung sind zum Ende eines Wirtschaftsjahres ein Jahresabschluss in Form einer Bilanz und einer Gewinn-und-Verlust-Rechnung aufzustellen. Aus dem Geschäftsabschluss sollen das Vermögen, die Schulden sowie der Gewinn des Unternehmens ersichtlich sein.

Bei Einkünften aus einem Gewerbebetrieb müssen folgende Personen Bücher führen:

- Kaufleute, die nach Handelsgesetzbuch (HGB) dazu verpflichtet sind
- Gewerbetreibende, deren Gewinn 60.000 EUR oder deren Umsatz 600.000 EUR übersteigt und die das Finanzamt zur Buchführung auffordert

Freiberufler sind hiervon ausgenommen und können immer eine Einnahmen-Überschussrechnung machen.

Rechnung

Damit Geld in Ihre Kasse fließt, müssen Sie Ihre Rechnungen zeitnah und formal korrekt stellen. Es gibt einige Pflichtangaben, die eine Rechnung mindesten enthalten muss:

- Firma, Name und Anschrift des Rechnungsausstellers
- Firma, Name und Anschrift des Rechnungsempfängers
- Steuernummer oder Umsatzsteuer-Identifizierungsnummer des Ausstellers
- Rechnungsnummer
- Rechnungsdatum (= Ausstellungsdatum)
- Liefer- oder Leistungsdatum
- Angaben über Art und Anzahl der gelieferten Waren bzw. Art und Dauer der Dienstleistung
- nach Umsatzsteuersätzen aufgeschlüsselte Rechnungsbeträge
- der im Rechnungsbetrag enthaltene Umsatzsteuerbetrag
- Gründe für eventuelle Umsatzsteuer-Befreiungen (z. B. Hinweis Kleinunternehmer-Regelung)

Falls Sie Grundstücks-, Handwerks- und Bauleistungen erbringen, muss für Privatkunden (= „Verbraucher“) außerdem darauf hingewiesen werden, dass die Rechnung mindestens zwei Jahre lang aufbewahrt werden muss.

Rechnungen sollten fortlaufend nummeriert sein, jede Rechnung erhält eine eigene Nummer, auch wenn der Empfänger derselbe ist.

Tipps: Fangen Sie nicht mit 1 an, da dies ggf. für den Empfänger komisch aussieht. Denken Sie sich für den Rechnungsstart eine höhere Ziffer aus, die dann fortlaufend fortgesetzt wird.

Eine professionell gestaltete Rechnung mit Logo und einem übersichtlichen Layout ist das, was bei Ihrem Kunden auf dem Tisch landet und zu Ihrem Gesamteindruck beiträgt. Erstellen Sie am besten einmal eine gute Vorlage und nutzen Sie diese konsequent. Heutzutage ist der Versand per E-Mail keine Seltenheit, ich empfehle aber den zusätzlichen Versand auf dem Postweg. Das hat eine höhere Wertigkeit und Sie können zu bestimmten Anlässen noch ein kleines Dankeschön hinzulegen.

Ein zusätzlicher positiver Effekt aus eigener Erfahrung: Rechnungen, die per Post versendet werden, werden in der Regel schneller gezahlt, weil sie häufig direkt auf dem Schreibtisch gut sichtbar liegen.

Steuerberater, Buchhaltung

Versuchen Sie, sich wenigstens die Grundzüge der Buchhaltung und Steuern zu erschließen. Das Wissen eines Steuerberaters kann ein Nichtfachmann natürlich nicht ersetzen. Sie sollten aber jederzeit Ihre Zahlen verstehen und kennen und das Schicksal Ihres Unternehmens nicht anderen überlassen. Man kann zudem besser seinem Steuerberater zuarbeiten, indem man beispielsweise die Umsatzsteuer-Voranmeldung selbst übernimmt und der Berater nur die jährlichen Arbeiten wie Steuererklärung erbringt. Das alles ist eine Frage der Absprache, ob und wie viel Sie bereit und in der Lage sind selbst beizutragen.

Bei der Entscheidung, wie hoch Ihre Eigenleistung in Bezug auf Ihre Steuern ist, können Ihnen die folgenden Fragen helfen:

- Wie gut ist mein Buchhaltungs- und Steuerwissen?
- Haben Sie Zeit, sich im unternehmerischen Alltag um diese Themen zu kümmern?
- Wer haftet bei finanziellen Schäden durch steuerliche Fehler?

Ein Steuerberater kann Sie unterstützen bei:

- Umsatzsteuervoranmeldung
- Jahresabschluss
- Gehaltsabrechnungen für Mitarbeiter
- Finanz- und Lohnbuchführung

- BWA (betriebswirtschaftliche Auswertung)
- Einnahmen-Überschuss-Rechnung
- Private Steuererklärung
- Controlling
- Hilfe bei allen steuerlichen Fragen

Überlegen Sie, ob es sich für Sie wirklich rechnet, an diesem wichtigen Posten zu sparen. Guter Rat muss nicht immer teuer sein. Es kann auch eine faire Lösung geben, z. B. schauen Sie in den ersten 6 Monaten mit einem Startpreis, wie sich der Aufwand entwickelt und vereinbaren im Anschluss die endgültigen Kosten. Rechnen Sie nach, wie viel Aufwand es für Sie persönlich bedeutet, den Durchblick zu halten und stressfrei zu arbeiten. Häufig ist es günstiger, das Ganze direkt abzugeben. Es macht u. U. mehr Sinn, wenn Sie Ihr Vorhaben vorantreiben, statt sich stundenlang mit Ihren Steuern etc. zu beschäftigen.

Und noch ein schöner und praktischer Vorteil, wenn Sie sich für einen Steuerberater entscheiden: Die Kosten dafür sind eine Ausgabe, die Ihre Steuerlast verringert, d. h. die Sie absetzen können. Wenn Sie keinen Steuerberater kennen, fragen Sie andere Selbstständige nach einer Empfehlung. Es gibt allerdings Spezialgebiete, mit denen sich nicht jeder Berater gleich gut auskennt, etwa wenn Sie einen Online-Shop betreiben möchten. Suchen Sie in diesen besonderen Fällen unbedingt nach einem Fachmann für Ihr Thema. Nicht jeder kann alles, auch wenn das manchmal auf der Verpackung steht. Fragen Sie nach den Erfahrungen im Erstgespräch. Wichtig ist, dass Ihr Berater bereit ist, Sie so zu begleiten, dass aufkommende Fragen sicher und zeitnah geklärt werden und Sie sich gut aufgehoben fühlen. Es geht hier um Ihr Geld, das ist wichtig!

10.7 VERSICHERUNGEN

Den Erfolg einer Gründung hat man zum Großteil selber in der Hand. Manchmal jedoch leider nicht das, was Drumherum passieren kann. Umstände, die zu Ihrem finanziellen Ruin führen können.

Bitte nicht falsch verstehen, ich bin der Überzeugung: Kein Job ist so sicher wie die eigene Selbstständigkeit! Es soll also in diesem Kapitel keine Angst geschürt werden, lediglich auf die möglichen Risiken und entsprechende Versicherungen hingewiesen werden. Sie haben zwar mit einem soliden Businessplan sicher geplant, aber jedem kann einmal ein Missgeschick oder eine unglückliche Verkettung unschöner Umstände passieren. Die gute Nachricht: Für diese Fälle gibt es Versicherungen, damit Sie auch weiterhin ruhig schlafen können.

Um bereits in der Vorbereitungsphase Ihrer Planung bei den Kalkulationen für Ihren Businessplan das nötige Budget für eine Versicherung einplanen zu können, sollten Sie zuerst überlegen, welche Absicherung Sie überhaupt benötigen. Wichtig: Die Versicherungsbeiträge sind betriebliche Ausgaben und verringern somit Ihre Steuerlast.

Gegen diese Risiken z. B. sollten Sie sich u. U. absichern: Schaden durch Mitarbeiter – Sie können und sollten nicht allen Angestellten dauerhaft auf die Finger schauen. Was kann man tun, wenn Kunden nicht zahlen? Wie vorsorgen, ohne im Falle einer Insolvenz alles wieder zu verlieren? Was passiert, wenn Sie krankheitsbedingt für längere Zeit ausfallen?
Es gibt eine ganze Reihe von Punkten, die bedacht werden sollten.

Nachfolgend finden Sie eine kleine Übersicht mit den wichtigsten Bereichen, die allerdings eine persönliche (unabhängige) Beratung nicht ersetzen kann.

Selbstständige haben bis auf wenige Ausnahmen bei den Sozialversicherungen die Wahl (Kranken-, Pflege-, Renten-, Arbeitslosen- und betriebliche Unfallversicherung), ob sie sich gesetzlich oder privat versichern.

Ich empfehle, die bestehenden Versicherungen in jedem Fall auf den Prüfstand zu stellen.

Bevor Sie Angebote von Versicherungen einholen, sollten Sie wissen, wo Ihre Hauptrisiken liegen. Wo können wirklich große Schadensfälle auftreten? Beispiel: Betriebsunterbrechung, wenn durch den Wegfall von Kunden oder einem Maschinenschaden die Produktion stillsteht.

Die wichtigsten betrieblichen Versicherungen im Kurzüberblick:

- Betriebs-Haftpflichtversicherung:
  bei Schadenersatzansprüchen Dritter, z. B. von Kunden, Lieferanten, Besuchern und Mitarbeitern
- Berufs-Haftpflichtversicherung:
  für Dienstleistungsunternehmen und Freiberufler. Sie schützt vor den finanziellen Folgen eines Berufsversehens, wie etwa falsche Beratung oder Begutachtung. Für manche Berufsgruppen wie Ärzte, Architekten und Steuerberater ist dies eine Pflichtversicherung.
- Betriebs-Unterbrechungsversicherung (BU-Versicherung):
  für die laufenden Kosten wie Löhne, Gehälter, Miete und Zinsen usw., solange keine Erträge erwirtschaftet werden können
- Vermögensschadenversicherung für Unternehmensleiter:
  für die persönliche Haftung, insbesondere von GmbH-Geschäftsführern und AG-Vorständen
- Einbruchdiebstahlversicherung:
  für Schäden durch Diebstahl, Zerstörung, Beschädigung usw.
- Elektronikversicherung:
  z. B. für Kosten zum Wiedereinsatz von Programmen und Wiedereingabe von Daten sowie Aufrechterhaltung des Geschäftsbetriebes nach einem Virenbefall
- Feuerversicherung:
  für Schäden durch Brand, Blitzschlag, Explosion oder Flugzeugabsturz
- Kfz-Haftpflichtversicherung:
  für Schäden an Personen, Sachen und Vermögen, die der Fahrer gegenüber Dritten verursacht hat

- Leitungswasserversicherung:
  für Schäden durch austretendes Wasser aus Wasserleitungen oder Wasser- bzw. Heizungsanlagen
- Maschinenversicherung:
  für Reparaturen an stationären und fahrbaren Maschinen, die durch menschliches Versagen, Bedienungsfehler, Fahrlässigkeit usw. entstehen
- Produkt-Haftpflichtversicherung:
  für Schäden, die Dritte durch fehlerhafte Produkte erleiden (vor allem für Hersteller, Lieferanten, Lizenznehmer)
- Sturmversicherung:
  für Sturmschäden an Gebäuden und beweglichen Sachen
- Umwelthaftpflichtversicherung:
  für Schadenersatzansprüche, wenn durch den Betrieb Boden, Wasser, Luft verunreinigt werden
- Versicherung für Mitarbeiter:
  z. B. Unfallversicherungen, betriebliche Altersversicherung oder neue Altersvorsorgemöglichkeiten
- Vertrauensschadenversicherung:
  für Kosten, die durch Unterschlagung, Veruntreuung, Diebstahl, Fälschung, Betrug und andere Vermögensdelikte entstehen

Tipp: Schadensverhütung spart Geld. Für Maßnahmen zur Schadensverhütung gewähren Versicherungen Prämienrabatte: z. B. für Alarm-, Feuermelde-, Sprinkler- oder Löschanlagen. Rabatte sind möglich, wenn für einen gewissen Zeitraum keine Schadensfälle aufgetreten sind. Die Vereinbarung, kleinere Schäden aus eigener Tasche zu zahlen, spart in der Regel ebenfalls Geld.

Persönliche Risiken einer Existenzgründung absichern

Welche Krankenversicherung und welche Altersvorsorge kommen für beruflich Selbstständige infrage? Die Antwort darauf ist nicht nur für Ihre persönliche Absicherung, sondern auch für Ihre Finanz- und Liquiditätsplanung wichtig.

Zu den Sozialversicherungen zählt man die Kranken-, Pflege-, Renten-, Arbeitslosen- und betriebliche Unfallversicherung. Mit Zahlung der Beiträge wird ein Unternehmer nicht nur zum Mitglied der Sozialversicherung, er hat natürlich auch Anspruch auf deren Leistungen. Dies betrifft Altersrente und Krankenbehandlung genauso wie die Hilfen nach einem Unfall auf dem Weg zum nächsten Kunden.

Die Wahlfreiheit zwischen privater und freiwillig gesetzlicher Vorsorge über die Sozialversicherung haben aber nicht alle Selbstständigen. Einige Freiberufler wie Künstler und Publizisten oder Landwirte unterliegen im Hinblick auf die Sozialversicherung einer Versicherungspflicht. Dies betrifft nicht nur die Krankenversicherung. Auch im Zusammenhang mit der gesetzlichen Rentenversicherung kann eine Absicherung über die Träger Pflicht sein. Das müssen Sie in jedem Fall zwingend bei Ihrer Planung prüfen.

Pflegeversicherung

Über die freiwillige Mitgliedschaft in der gesetzlichen Krankenversicherung sind Sie gleichzeitig auch pflegeversichert. Der Beitragssatz liegt bei 3,05 Prozent (2022) des Einkommens für Versicherte mit Kindern. Für Versicherte ohne Kinder beträgt er 3,4 Prozent. Bei der privaten Krankenversicherung besteht ebenfalls die Möglichkeit einer Kombination mit einer privaten Pflegeversicherung. Alternativ können Sie sich auch für einen anderen Anbieter entscheiden.

Pflegezusatzversicherung und Krankentagegeld

Diese Zusatzversicherungen sind keine Pflicht, aber individuell zu überdenken, ob sinnvoll oder nicht – dies gilt im Übrigen auch für nicht Selbstständige.

Künstlersozialkasse

Selbstständige Künstler und Publizisten sind über die Künstlersozialkasse (KSK) renten-, kranken- und pflegeversichert. Hierbei handelt es sich um eine Pflichtversicherung. Das heißt: Wer die Voraussetzungen für die Aufnahme in die KSK erfüllt, muss sich dort versichern, hat aber dadurch auch eine ganze Reihe von Vorteilen.

Wenn Sie als freiberuflicher Künstler oder Publizist die Voraussetzungen für die Versicherungspflicht (§ 1 KSVG) in der KSK erfüllen, meldet Sie die Künstlersozialkasse bei Ihrer Kranken- und Pflegekasse sowie der Deutschen Rentenversicherung an. Als KSK-Versicherter führen Sie Ihre Krankenversicherungs-, Pflege- und Rentenversicherungsbeiträge an die Künstlersozialkasse ab. Die KSK leitet die Beiträge dann an die zuständigen Träger weiter. Wer von der gesetzlichen Krankenversicherung befreit ist und privat versichert ist, kann einen Zuschuss von der KSK erhalten.

Vorteile der Künstlersozialversicherung

Der große Pluspunkt der Künstlersozialversicherung ist: Sie zahlen – wie ein Arbeitnehmer – nur etwa die Hälfte der Versicherungsbeiträge. Den anderen Beitragsanteil trägt die Künstlersozialkasse. Die hierfür erforderlichen Mittel werden aus einem Zuschuss des Bundes und aus der sogenannten Künstlersozialabgabe von Unternehmen finanziert, die künstlerische und publizistische Leistungen in Anspruch nehmen. Auf der Internetseite der KSK erfahren Sie, ob Sie zu den Personen gehören, die sich bei der KSK versichern müssen.

Arbeitslosenversicherung (freiwillig)

Die Erläuterungen hierzu sind beim Thema Gründungszuschuss aufgeführt.

Unfallversicherung

Als Selbstständiger können Sie sich freiwillig über die Berufsgenossenschaft gesetzlich unfallversichern. Dies ist in der Regel jedoch nicht empfehlenswert. Einen passenden Unfallversicherungsschutz lässt sich besser und umfangreicher über eine private Unfallversicherung beziehen, falls Sie diesen Schutz benötigen.

Altersvorsorge für Existenzgründer

Altersvorsorge ist ein Thema, das viele Selbstständige gerne vor sich herschieben. Oft genug ist leider das Ergebnis, dass auch erfolgreiche Selbstständige im Alter nur sehr geringe finanzielle Möglichkeiten haben, weil sie nicht vorgesorgt haben. Mit der Einführung der Basisrente wurde Selbstständigen hier ein sehr gutes Mittel an die Hand gegeben, um Altersvorsorge zu betreiben. Hier können auch sehr große Sparbeiträge steuerlich in Ansatz gebracht werden. Auch im Falle einer Insolvenz kann das Kapital in einer Basisrente nicht gepfändet werden.

Berufsunfähigkeitsversicherung (BU)

Eine Berufsunfähigkeitsversicherung stellt eine Lösung dar, um im Fall der Fälle einen Einkommensersatz zu erhalten. Wenn Sie Ihren Beruf aus gesundheitlichen Gründen nicht mehr ausführen können, zahlt die private BU eine vorab vereinbarte Rente. Dagegen leistet die gesetzliche Rentenversicherung nur, wenn Sie nicht in der Lage sind, drei Stunden oder mehr am Tag irgendeiner Beschäftigung nachzugehen. Die Höhe der abgesicherten Rente sollte ausreichend hoch gewählt sein, damit man seinen Alltag auch weiterhin finanziell bestreiten kann. Besteht bereits ein solcher Vertrag, sollte dieser unbedingt überprüft werden.

Mein Tipp, den ich Ihnen wirklich ans Herz legen möchte, weil er so besonders wichtig ist: Lassen Sie sich auch hier unabhängig von einem Fachmann beraten, sodass Sie passend abgestimmt auf Ihre ganz persönliche Situation ausreichend, aber nicht unnötig, abgesichert sind.

Risikolebensversicherung

Sind Sie Hauptverdiener für Ihre Familie, sollten Sie hierüber nachdenken, damit im Falle eines Todes Ihre Familie abgesichert ist. Lassen Sie sich auch bei dieser Absicherung von einem unabhängigen Fachmann über die verschiedenen Möglichkeiten beraten.

10.8 BESONDERHEIT TEAMGRÜNDUNG

Wer nicht als Einzelkämpfer starten möchte, kann auch zu zweit bzw. im Team gründen. Das bringt zunächst eine ganze Reihe Vorteile mit sich:

- Entscheidungen müssen nicht alleine getroffen werden.
- Gemeinsam sind wir stark: breitere Kompetenz und Kraft
- Die Finanzkraft kann größer sein, wenn zwei oder mehr Personen Kapital einbringen.
- Mehr Kontakte durch größeres Netzwerk
- Vertretung für Krankheit und Urlaub
- Das Gefühl des Alleineseins entsteht erst gar nicht wie sonst nach der „Trennung" von Arbeitskollegen.

Gemeinsam starten bringt aber nicht nur Vorteile.

Zunächst muss wirklich der oder die richtige PartnerIn gefunden werden. Eine gemeinsame Gründung ist fast eine größere Herausforderung, als eine Ehe einzugehen. Wenn nicht im Vorhinein alles klar schriftlich fixiert ist, wird die Gründung zum Scheitern verurteilt sein. Insbesondere dann, wenn kritische Situationen auftreten, in denen schnell gehandelt werden muss und nicht lange diskutiert werden oder gar gestritten werden kann.
Da vorab viel miteinander besprochen und abgestimmt werden sollte, kann die Teamgründung schon mal längere Zeit und auch

Kosten mit sich bringen. Alleine schon, um den GbR (Gesellschaft bürgerlichen Rechts-)Vertrag zu schließen.

In jedem Fall sollte Folgendes geklärt und vertraglich festgehalten werden:

- Welche Rechtsform ist die richtige?
- Wie soll das unternehmerische Risiko aufgeteilt werden?
- Ist das gemeinsame Unternehmensziel klar definiert und fixiert?
- Sind die Aufgabenbereiche und Kompetenzen sauber abgegrenzt?
- Wer bringt wie viel Arbeitszeit ein?
- Wie wird in Abhängigkeit dazu der Gewinn verteilt?
- Wer darf was bis zu welchem Budget alleine entscheiden – welche Entscheidungen werden gemeinsam getroffen?
- Gibt es Pläne für ein Notfallszenario (z. B. Trennung, länger andauernde Schwierigkeiten)?
- Wer haftet wie wofür? (nach außen haften Sie immer voll, egal wie der Vertrag im Inneren aussieht)

Ein Vertrag, der mindestens das genau regelt, sollte frühzeitig aufgesetzt werden. Denken Sie dabei auch langfristig an die Zukunft und was ggf. erst nach einiger Zeit eintritt. Insbesondere für auftretende Konflikte sollte Vorsorge getroffen werden. Möglich ist auch, zunächst alleine zu starten und den zukünftigen Partner sozusagen zu beschäftigen, um sich im geschäftlichen Alltag genauer kennenzulernen. Ein Zusammenschluss ist dann noch immer jederzeit möglich.

10.9 MITARBEITER EINSTELLEN

Wenn Sie Ihre Hausaufgaben vorher sorgfältig gemacht haben, lässt der Erfolg nicht lange auf sich warten. Je nach Geschäftsmodell werden Sie dann Mitarbeiter benötigen, um Ihr Unternehmen weiter voranzubringen und zu expandieren. Ein freier Mitarbeiter,

der auf Rechnung arbeitet, ist die einfachste Lösung. Sie sind finanziell nicht gebunden haben weder zusätzliche Lohnnebenkosten noch viel Verwaltungsaufwand.
Wichtig: Achten Sie hier zwingend darauf, dass Sie keine Scheinselbstständigkeit bieten, wenn der Mitarbeiter z. B. nur Sie als Auftraggeber hat oder gleichbleibende monatliche Dauerzahlungen als Gehalt gezahlt werden. Eine solche Situation sollten Sie unbedingt vermeiden, da Sie sonst Sozialversicherung und Lohnsteuer nachträglich zahlen müssen.

Minijob, Midijob, Mindestlohn

In Deutschland müssen Sie die Vorgaben zum Mindestlohn beachten (ab 01.01.2022: 9,82 Euro; ab 01.07.2022 10,45 Euro, 01. Oktober 2022 sind 12 Euro geplant).
Wenn Sie eine 450-Euro-Kraft einstellen, muss diese bei der Minijobzentrale gemeldet werden und an diese die Sozialversicherungsbeiträge von Ihnen abgeführt werden. Somit beträgt die monatliche Gesamtbelastung rund 610 Euro. Überlegen Sie, ob Sie nicht besser einen Midijob vergeben, da hier die Lohnnebenkosten niedriger sind und Sie für verhältnismäßig wenig Geld mehr Stunden „einkaufen“ können. Weitere Informationen dazu finden Sie auch im Internet unter www.minijob-zentrale.de.

Auch so geht es manchmal: Möglicherweise können Sie bei Auftragsspitzen Hilfe aus dem nahen Umfeld erbitten und große Ausgaben und Formalitäten vermeiden. Viele Aufgaben können auch „Laien“ erledigen und Sie werden überrascht sein, wie viele Fähigkeiten Freunde und Familie mitbringen.

10.10 SCHUTZ DER GESCHÄFTSIDEE

Aus meiner täglichen Beratung weiß ich nur zu gut, dass gerade die Frage nach dem Markenschutz von vielen Gründern (nicht nur in der Anfangsphase) oft vernachlässigt bzw. ignoriert wird. Doch gerade der Schutz Ihrer Geschäftsidee kann den unternehmerischen Erfolg Ihrer Existenzgründung ganz entscheidend sichern.

So können Sie u. a. sicherstellen, dass Konkurrenten Ihr Unternehmenskonzept nicht kopieren und somit möglicherweise Kunden abwerben (d. h. dass Ihre Konkurrenz Ihre Umsätze einstreicht). Nur durch eine Markeneintragung können Sie und Ihr Geschäft unverwechselbar werden und bleiben und Sie werden all die Erfolge feiern, die Sie sich selbst erarbeitet haben.

Wie funktioniert das Anmelden der gewerblichen Schutzrechte genau?

Es gibt verschiedene Möglichkeiten, Ihre Marke bzw. eine Geschäftsidee zu schützen:

Wortmarke schützen

Der einfachste Weg ist der Schutz der Wortmarke. Mit der Wortmarke wird eine Marke bezeichnet, die aus Wörtern, Buchstaben, Zahlen oder anderen Schriftzeichen besteht. Die Wortmarke muss sich bei der Markenanmeldung mit der vom Deutschen Patent- und Markenamt (DPMA) verwendeten üblichen Druckschrift (Arial) darstellen lassen. In der Regel umfasst der Markenschutz dieser Art alle verkehrsüblichen Wiedergabeformen der Marke (Groß- und Kleinschreibung).

Bildmarke schützen

Der Schutz der Bildmarke bezieht sich auf das Logo. Im Markenschutz bezeichnet die Bildmarke eine Marke, die in einer besonderen Schreibweise, Schriftanordnung, Schriftgestaltung oder Farbe dargestellt wird. Somit sind z. B. auch Bilder, Bildelemente oder Abbildungen (ohne Wortbestandteile) Bildmarken und können Markenschutz erlangen.

Logo schützen: Markenschutz oder eingetragenes Design

Wenn Sie Ihr Logo schützen lassen wollen, können Sie es als Marke und/oder eingetragenes Design anmelden. Beachten Sie hierbei, dass die Schutzrechte für das Logo vom beabsichtigten Einsatz abhängig sind, denn Marken und eingetragenes Design verfolgen unterschiedliche Zwecke und können somit in ihrem Schutzumfang voneinander abweichen.

Wort-Bild-Marke schützen

Die Bezeichnung Wort-Bild-Marke ist die Kombination aus Text (Wort) und Grafik (Bild). Damit entsteht die Abgrenzung von Marken, die aus reinem Text bestehen (Wortmarke) oder aus reiner Grafik (Bildmarke).

Geschäftsidee schützen

Doch nicht nur die Wort-, Bildmarke oder das Logo lassen sich schützen: Auch Ihre Unternehmensidee können Sie schützen, damit auch wirklich nur Sie von dieser Idee profitieren und nicht ungewollt andere sich diese zu Eigen machen. Eins vorab: Nicht jede Idee lässt sich schützen, oft muss das auch gar nicht sein. Falls doch, stehen Ihnen verschiedene Varianten zur Verfügung:

- **Patent anmelden und gewerbliche Schutzrechte sichern**
  Zum Schutz Ihrer Geschäftsidee können Sie ein Patent anmelden. Die Patentanmeldung erfolgt über das Deutsche Patent- und Markenamt (DPMA). Der Schutz ist zumeist über einen Zeitraum von bis zu 20 Jahren gültig.
- **Gewerbliche Schutzrechte mit Gebrauchsmuster sichern**
  Der Gebrauchsmusterschutz ist eine weitere Variante: Er macht einen schnelleren Schutz als bei der Patentanmeldung möglich und auch die Laufzeit unterscheidet sich. Der Gebrauchsmusterschutz ist zunächst für drei Jahre gültig und kann auf bis zu zehn Jahre verlängert werden.
- **Markenschutz für gewerbliche Schutzrechte**
  Auch bei Ihrer Existenzgründung können Sie für Ihr Produkt bzw.

Ihre Dienstleistung eine Marke kreieren und gewerbliche Schutzrechte anmelden. In Bezug auf Ihre Geschäftsidee sollten Sie prüfen, wie Sie eine Marke anmelden.

Kosten für den Markenschutz bei Markenanmeldung

Die Kosten für die Markenanmeldung (für drei Waren- oder Dienstleistungsklassen) belaufen sich auf ca. 300 Euro, die Kosten für den Markenschutz ab der vierten Klasse belaufen sich auf ca. 100 Euro für jede weitere Klasse.

Dauer von Markenanmeldung und Markenschutz

In der Regel dauert es sieben bis acht Monate, bis das Eintragungsverfahren zur Markenanmeldung abgeschlossen ist. Der Markenschutz beginnt mit dem Anmeldetag und beträgt dann zehn Jahre. Der Markenschutz kann durch Zahlung einer Verlängerungsgebühr um jeweils weitere zehn Jahre verlängert werden.

Tipp: Gute Recherche ist alles!

Im Zuge der Markenanmeldung wird vom Patentamt nicht geprüft, ob Ihre Marke in identischer oder ähnlicher Form bereits existiert. Deshalb ist es wichtig, dass Sie im Vorfeld genau recherchieren, ob dies eventuell der Fall ist. Nur so können Sie ausschließen, dass Inhaber älterer Markenrechte Widerspruch gegen Ihre Markenanmeldung erheben und Ihre Marke keinen Markenschutz besitzt.

Noch mehr Informationen zum Thema Markenschutz erhalten Sie auf der Homepage des Deutschen Patent- und Markenamtes: http://www.dpma.de/marke/

10.11 ORGANISATORISCHES FÜR IHR UNTERNEHMEN

Home-Office, eigenes Büro, Coworking oder Bürogemeinschaft?

Die Klassiker-Antwort auf diese Frage: Es kommt darauf an. Diese Entscheidung ist sicher davon abhängig, welches Geschäftsmodell Ihr Unternehmen ist. Kommen z. B. Kunden zu Ihnen? Dann sollten Sie auf einen besonders professionellen Arbeitsplatz achten und eine entsprechende Ecke oder gar einen Raum zum Empfang Ihrer Kunden bereithalten. Ebenfalls spielt bei der Entscheidung eine wichtige Rolle, welche ganz eigenen Anforderungen und Rahmenbedingungen Sie an Ihren zukünftigen Arbeitsplatz stellen.

Ein Homeoffice kann ganz bequem sein und Geld und Zeit sparen. Jedoch birgt es auch Risiken und Nachteile. Sie benötigen hierfür ein hohes Maß an Disziplin, sich selbst nicht ablenken zu lassen, etwa von anfallenden Haushaltsaufgaben oder Telefonaten/Besuch. Erfahrungsgemäß ist bei den meisten die Konzentration daheim nicht so effektiv wie „unter Beobachtung". Dazu kommt, dass Sie alleine arbeiten und vielleicht irgendwann anfangen, Selbstgespräche zu führen ... Der Mangel an menschlichen Kontakten ist nicht zu unterschätzen. Viele haben das Gefühl, von der Außenwelt abgeschnitten zu sein. Auch die Wirkung, wenn Sie im Hausanzug ans Telefon gehen, ist eine ganz andere, als wenn Sie „arbeitsfertig" arbeiten. Viele Unternehmer brauchen auch das Gefühl, zur Arbeit zu fahren – dazu gehöre übrigens auch ich. Der Weg ist wichtig, um nach getaner Arbeit das Gefühl des Feierabends genießen und abschalten zu können. Im Homeoffice können Sie manchmal nicht einmal eine Tür zum Arbeitszimmer schließen.

Wichtig: Sie können auch nicht ohne weiteres Ihr Zuhause zum Firmensitz erklären. Bei einer Mietwohnung etwa muss der Vermieter häufig um Erlaubnis gefragt werden. Klären Sie dies auf jeden Fall vorab mit allen Beteiligten ab.

Eigene Räume mieten

Je nachdem, welche Tätigkeit Sie ausüben, ist ein eigenes Büro unumgänglich. Dies ist zum Beispiel der Fall, wenn Sie in repräsentativen Räumlichkeiten Kunden empfangen möchten. Auch wenn Sie im Team starten oder direkt mit Mitarbeitern ein größeres Unternehmen planen, führen alle Wege in eigene Büroräume. Vielleicht benötigen Sie auch einfach eine klangvollere Geschäftsadresse als die, in der Sie wohnen. Wenn Sie auf regen Kundenverkehr angewiesen sind, spielt die Lage und Erreichbarkeit zudem eine entscheidende praktische Rolle. Hinzu kommt die gute Außenwirkung, wenn Sie über eigene Räume verfügen. So ein Punkt kann der Geschäftsentwicklung von Anfang an richtig gut tun. Alleine auch das Gefühl zu haben, in die eigene Firma zu fahren.

Ich selber habe im ersten Jahr kein eigenes Büro gehabt und meine Kunden daheim besucht. Daher kann ich aus ganz eigener Erfahrung sagen: Mit den eigenen Räumen hat mein Business noch mal richtig Fahrt aufgenommen!

Sicher, es ist ein Kostenblock, den Sie erst einmal erwirtschaften müssen. Daher ist es wichtig, hier nach dem Prinzip „was brauche ich wirklich“ vorzugehen. Ein Gewerbemietvertrag hat eine ganz andere Ausgestaltung bzw. Ausführlichkeit als ein Wohnraummietvertrag. Sind Sie sich nicht sicher, lassen Sie diesen in jedem Fall von einem Anwalt oder Mieterverein prüfen. Hier gibt es unter Umständen Tücken im Detail, die Sie nicht unbedingt erkennen. Auch hier gilt: Kämpfen Sie für eine übliche Miethöhe und akzeptieren Sie keine überteuerte Miete oder eine unübliche Vertragslänge. Wenn Sie viel renovieren müssen, ist es auch nicht unüblich, etwas mietfreie Zeit zu erhalten. Wer nicht fragt, bekommt auch keine Vorteile. Trainieren Sie auch in solchen Situationen

Ihre selbstbewusste Unternehmerpersönlichkeit und holen Sie sich Ihre Konditionen. Natürlich sollten Ihre Vorstellungen realistisch sein, prüfen Sie vorab die üblichen Bedingungen.

Wichtig: Für fast kein Unternehmen geht es heutzutage ohne schnelle Internetleitung. Fragen Sie immer nach, ob dies gegeben ist. Es gibt noch immer Städte und Straßen, in denen schnelles Internet nicht selbstverständlich ist.

Bürogemeinschaft

Eine Alternative ist, sich die Kosten als Bürogemeinschaft zu teilen. Entweder mit gleichgesinnten Kollegen oder ergänzenden Angeboten. Dies hat den Vorteil, dass nicht nur die Miete geteilt werden kann, sondern auch z. B. bei der Anschaffung benötigter Geräte wie Drucker, Kopierer usw. gespart werden kann. Eine Bürogemeinschaft kann super gut laufen. Auch sich mit anderen auszutauschen, Feedback und Anregungen einzuholen und auch nicht alleine zu sein ist toll – kann aber auch zu Stress führen. Das Miteinander ist mitunter intensiver als eine Ehe, da Sie hier die meiste Zeit gemeinsam verbringen.

Schriftlich festzulegen ist daher unbedingt:

- Gemeinsamer Mietvertrag
- Ein Hauptmieter mit Untermietern – Vorteil: Einer hat den Hut auf, bei Wechsel der Untermieter ist es einfacher.
- Welche Kündigungsfristen sollen intern gelten?
- Muss ein Nachmieter gestellt werden?
- Was passiert mit gemeinsam angeschafften Dingen?

Coworking

Eine weitere Alternative ist das Coworking, welches es mittlerweile in fast jeder Stadt gleich mehrfach mit unterschiedlichsten Ausgestaltungen gibt. Dort können stunden-, tage- oder monatweise Arbeitsplätze, Räume oder Geschäftsadressen zu vergleichsweise guten Preisen gemietet werden. Hier kommen viele Menschen zusammen, die gerade gründen oder bereits gegründet haben und das jeglichen Alters und Couleur. Man muss es mögen, dass es dort gerne etwas trubeliger zugeht. Dafür bekommt man direkt ein Netzwerk zum Austauschen und ein weiterer Vorteil sind die Veranstaltungen, die mit großer Bandbreite, nicht nur den Mitgliedern, geboten werden.

Keine Scheu, hier treffen sich nicht nur 20-jährige Nerds! Sie müssen sich einfach fragen, ob das für Sie eine gute Geschäftsadresse ist und ob Sie dort auch Kunden passend empfangen können. Wenn ja, werden Sie auf jeden Fall keinen einsamen Geschäftsstart erleben.

Telefon, Handy, Internet

Welche technische Ausstattung benötigen Sie bzw. was macht Sinn? Auch hier überlegen Sie am besten, welche Wirkung Sie Ihren Kunden vermitteln möchten. Ein Festnetzanschluss ist eigentlich unabdingbar. Wenn Sie z. B. einen Onlineshop betreiben möchten, bietet sich auch eine Art kostenfreie 800er-Hotline an, die direkt eine gewisse Professionalität suggeriert und Ihnen die Bestellabläufe erleichtern wird.

Ich selber habe neben dem Festnetzanschluss im Büro ein geschäftliches und ein privates Handy, da mir wichtig ist, zum Feierabend die Firma auch daheim auf die Seite zu legen. Weiterer Vorteil bei Abwesenheit: Ich kann es an eine andere Person abgeben. Mein geschäftliches Handy ist so eingerichtet, dass ich mein Minibüro immer dabei habe und auf Ordner oder E-Mails zugreifen kann. Im Büro habe ich einen Router, der als internes Netzwerk dient und auch in der Lage ist, meine Anrufe auf dem Festnetz auf einem Anrufbeantworter zu speichern. Ich erhalte bei jedem Anruf eine E-Mail mit der Rufnummer und dem Text, der auf dem Anrufbeantworter hinterlassen wurde. Das ist für mich einfacher, da ich steuern kann, wann ich erreichbar sein möchte anstelle einer Rufumleitung. Sicherlich eine Frage des „Geschmacks“, das ist kein Hexenwerk, sondern funktioniert z. B. mit einer Fritz Box. Alternativ können Sie auch bei Ihrer Telefongesellschaft eine Antwortmailbox einrichten lassen, wenn Sie häufig unterwegs sind.

Für mich war das keine Frage, da ich gerne so weit wie möglich unabhängig sein möchte. Überlegen Sie in Ruhe, welcher Anbieter die für Sie optimale Kombination von Festnetz, Internet und oder Handy anbietet.

Datensicherheit

Ganz wichtige Empfehlung: Gewöhnen Sie sich an, regelmäßig Ihre Daten zu sichern! Mir ist bei meiner Gründung der „Obergau" passiert: Das neue Notebook verweigerte mit einem schwarzen Bildschirm die Arbeit und mein Backup war ein paar Wochen alt. Das war nicht lustig und passiert mir heute garantiert nicht mehr. **Praxis-Tipp:** Richten Sie sich eine automatische Erinnerung in Ihrem Kalender ein, damit Sie das Sichern Ihrer Daten nicht versäumen. Entweder nutzen Sie für das Backup eine externe Festplatte oder vertrauen einer Cloud. Ich bin, was das anbelangt, doch etwas altmodisch und vorsichtig und habe auch das lieber selber in den Händen. Daher vertraue ich auf eine externe Festplatte.

Ablage, Papierstapel, Sammelkiste

Vermeiden Sie es von Anfang an, im Papierchaos zu versinken. Eignen Sie sich einen routinierten Tagesablauf an, in dem diese Themen fest integriert sind. Im Endeffekt handelt es sich dabei oft nur um Sekunden oder Minuten – schauen Sie mal wirklich auf die Uhr, wie lange Sie beispielsweise zum Abheften von 3 Rechnungen benötigen. Viel Zeit ist das im Normalfall nicht.

Ich mache es so: Als erstes prüfe ich meine Kontobuchungen, dann buche ich meine Belege, lege Sie direkt ab. Ich habe jeden Tag einen aktuellen Überblick über Ein- und Ausgänge und somit auch einen „sauberen" Schreibtisch – zumindest was die Buchführung anbelangt ... Erstellen Sie nach den für Sie relevanten Themen Ordner, um von Anfang an den Überblick zu behalten.

Beispiel Ordner oder Registertrennungen:

- Belege aller Ausgaben, Kassenbelege (Tipp: Rücksprache mit dem Steuerberater halten, wie Sie das für ihn optimal lösen, dann sind die Kosten für die Buchführung auch geringer!)
- Rechnungen an Kunden: Ausgang
- Angebote an Kunden, Interessenten von A – Z
- Verträge mit Kunden
- Verträge für die Firma und Kooperationspartner
- Finanzamt, Steuerberater
- Personal
- Einkauf, Lieferanten
- Bank, Kontoauszüge

Vielleicht legen Sie auch noch einen Ordner für Ideen an, in dem Sie alles sammeln, was Ihnen zwischendurch mal einfällt. Das können etwa Zeitungsschnippsel einer Anzeige sein, die Sie schön finden und als Anregung für Ihre eigene Werbung nutzen möchten.

Aufbewahrungsfristen

Das Gesetz schreibt verschiedene Aufbewahrungsfristen vor, deren Einhaltung Ihnen leichtfallen, wenn Sie sich von Anfang an gut organisieren. Für Belege, Buchungsunterlagen und Jahresabschlüsse gilt eine Aufbewahrungsfrist von 10 Jahren. Für manche Berufe gelten wesentlich längere Aufbewahrungsfristen, beispielsweise für Patientenakten.

Tipp: Kassenbelege sind häufig aus Thermopapier und verblassen schnell. Mehrere Belege aufgeklebt auf ein DinA4 Blatt kopieren und direkt auch diese Kopie abheften macht das Ganze haltbar.

Geschäftskonto

Ja, Sie benötigen ein weiteres Konto, zusätzlich zu Ihrem jetzigen Girokonto. Alleine schon aus den Gründen, alles sauber zu trennen, den Überblick zu behalten und für Transparenz zu sorgen. Wenn Sie heute noch keinen Gründungskredit benötigen, aber wissen, mit einer Expansion werden Sie eine Finanzierung benötigen, wählen Sie für das Geschäftskonto von Anfang an die Bank aus, die auch Gründungsfinanzierungen vergibt! Das sind in der Regel keine Onlinebanken. Überlegen Sie auch hier, welche Wirkung eine Bankverbindung auf der Rechnung hat, die Sie Ihren Kunden übersenden. Muss das eine konservative Bankverbindung sein oder kann es auch ein einfaches Online-Konto sein?

Aus Erfahrung schätze ich einen festen Berater, den ich gut kenne und immer ansprechen kann. Vielleicht haben Sie sowieso schon seit Jahren denselben für Sie zuständigen Berater, dem Sie vertrauen. In diesem Fall sollten Sie mit ihm direkt über die Möglichkeiten eines Geschäftskontos sprechen. Überlegen Sie aber auch, dass Ihr Berater Einblick in all Ihre Finanzen haben wird. Möchten Sie das bzw. ist das in Ordnung für Sie?

Finanzen sind ein sensibles Thema, daher sollten Sie in Ruhe über die für Sie richtige Wahl nachdenken.

K 11 DER BUSINESSPLAN: MEHR ALS DIE PRÄSENTATION IHRER GESCHÄFTSIDEE!

Brauche ich überhaupt einen Businessplan? Auch dann, wenn ich in einem mir bekannten Bereich gründe? Brauche ich einen, wenn ich überhaupt keine Finanzierung benötige?

Ganz klar: JA.

Weil: Der häufigste Scheitergrund bei Gründungen ist der fehlende Businessplan!

Es reicht nämlich nicht aus, wenn Sie „denken", Sie hätten alles Nötige im Kopf. Beim Niederschreiben des Plans ergeben sich erfahrungsgemäß IMMER neue Themen oder Dinge, an die Sie entweder vorher gar nicht gedacht haben oder dann im Detail anders betrachten und durchleuchten. Möglicherweise stoßen Sie während des Prozesses auch auf bisher unbekannte Hürden, die Sie auf diese Weise frühzeitig angehen oder umschiffen können. Ihr Businessplan ist DAS zentrale Dokument in Ihrem Unternehmen. In ihm legen Sie schriftlich fest,

- wie die Ausrichtung,
- die Kommunikation,
- Finanzen sowie
- die Produkt- und Zukunftsplanung

Ihres Unternehmens aussehen sollen.

Mit dem Aufschreiben Ihres „roten Fadens" bilden Sie die Grundlage für alle kommenden Entscheidungen und haben Ihren ganz eigenen Unternehmensplan immer zur Hand. Das wird Ihnen später oft weiterhelfen. Denn auch wenn der Businessplan ggf. für die Bank, Investoren oder die Arbeitsagentur konzipiert wird, in erster Linie soll er Ihnen helfen, planvoll und erfolgreich zu gründen.

Warnhinweis: Für verschiedene Business-Modelle gibt es bereits vorgefertigte Businesspläne, bei denen Sie nur noch ein paar persönliche Dinge eintragen müssen. Was sich nach einer genialen Idee anhört, Zeit zu sparen, entpuppt sich nicht selten als einer der häufigsten Scheitergründe. Durch den eher allgemein gehaltenen Businessplan fehlt komplett der Bezug zu Ihnen und Ihrer ganz persönlichen Situation. Das Ergebnis sind oftmals Fehlplanungen, wodurch Kalkulationen und Annahmen nicht aufgehen. Das ist meisten gleichzusetzen mit dem finanziellen Aus einer ursprünglich guten Geschäftsidee.

Ein Businessplan hilft Ihnen konkret dabei,

- den Markt für sich zu erschließen, sich darin zu platzieren und zu behaupten,
- zu einer positiven und aussagefähige Außendarstellung zu gelangen,
- sich darüber klar zu werden, wie Sie Kontakte zu potenziellen Kunden herstellen können,
- daraus Aufträge zu generieren,
- einen Kundenstamm aufzubauen und zu pflegen.

Auch ganz wichtig: ein persönliches Netzwerk aufbauen und pflegen. Den Wert frisch gehaltener Kontakte sollte man nie unterschätzen, das weiß ich aus eigener Erfahrung. Nichts kann persönliche Beziehungen ersetzen, die auf gegenseitiger Unterstützung und Wertschätzung beruhen. Pflegen Sie Kontakte und seien Sie dabei nicht berechnend, inwiefern Ihnen jemand „nützlich" sein könnte oder nicht. Sie wissen nie, was in anderen Menschen steckt und werden sicher positiv überrascht.

Ihr Businessplan ist – ganz simpel zusammengefasst – der Weg zu Ihren Kunden und das Fundament für Ihren Geschäftserfolg.

Darüber hinaus hilft Ihnen der Businessplan auch für Ihre eigene Entwicklung zum Unternehmer und definiert „interne" Aufgaben und Fragestellungen.

Ihr Unternehmensleitfaden

- hilft Ihnen beim Entwickeln und Prüfen Ihrer Geschäftsidee und dient somit als finale Entscheidungsgrundlage,
- bildet die Basis für die Realisierung des Vorhabens (sowohl interne als auch externe Aufgabe),
- deckt mögliche Schwächen auf, mit denen Sie sich auseinandersetzen müssen,
- kann als zentrales Führungselement dienen sowie eine klare Leitlinie als Orientierungshilfe für Management & Mitarbeiter bilden,
- definiert klar die Ziele und Strategien der Unternehmung,
- hilft nach dem Start dabei, Bilanz über die Unternehmensentwicklung zu ziehen,
- bildet die Basis für die weitere Steuerung,
- hilft dabei, Engpässe im Bereich Personal/Kapital frühzeitig zu erkennen,
- ist ein Hilfsmittel, mit dem Sie kontinuierlich einen Soll-Ist-Vergleich durchführen können.

Wichtig: Die Art, wie Sie den Businessplan schreiben, qualifiziert Sie schon als Gründer bzw. Unternehmerpersönlichkeit. In einem Bankgespräch beispielsweise kann dies über Ja oder Nein zu Ihrem Kreditwunsch entscheiden.

Für Ihre externen Aufgaben

- ist der Businessplan wie eine erste Visitenkarte Ihres Unternehmens,
- bildet er eine Argumentationshilfe als Grundlage für Verhandlungen mit Banken, Investoren, Beratern, Geschäftspartnern & zum Erhalt der sogenannten „fachkundlichen Stellungnahme“ für den Gründungszuschuss/das Einstiegsgeld,

- ist er die Basis für die Realisierung Ihres Vorhabens (auch gleichsam eine interne Aufgabe).

Ihr Businessplan ist nicht nur eine argumentative Stütze bei der Gründung – auch im späteren Verlauf, z. B. bei neuem Investitionsbedarf oder der Entwicklung neuer Produkte, wird er Ihnen immer wieder gute Dienste leisten.

Der Businessplan hilft auch dabei, ein sicheres Gefühl für den Start zu bekommen. Betrachten Sie Ihn wie eine Art Betriebsanleitung für Ihr Unternehmen.

Gerade in der Anfangsphase hilft ein Businessplan, Ruhe zu bewahren, wenn Sie an turbulenten Tagen nicht wissen, welches Thema nun Priorität hat. Das kann ich gar nicht oft genug betonen. Im Businessplan muss erkennbar, verständlich lesbar und umfassend nachvollziehbar sein, um was es geht, welches Ziel, mit welchen Mitteln wie erreicht und verfolgt werden soll.

Ein Businessplan besteht aus einem schriftlichen Teil und einer Planungsrechnung. Im schriftlichen Teil wird die Basis für die Kalkulationen der Planungsrechnung geschaffen sowie das Ergebnis der Planungsrechnung erläutert. Der schriftliche, konzeptionelle Teil greift sozusagen wie ein Zahnrad mit der Planungsrechnung ineinander. Wenn sich also z. B. etwas bei der Marketingplanung ändert, so hat dies auch häufig Auswirkung auf die Ausgaben und somit wieder auf die Kalkulationen.

Tipp: Es funktioniert nicht, erst einmal zu berechnen, ob es sich rechnet, wenn die Basis, also der schriftliche Teil, noch nicht „steht". Erst wenn Sie alle Faktoren beisammen haben, können Sie ein wirklich aussagekräftiges Ergebnis erhalten, auf das Sie Ihre Zukunft aufbauen können.

Ein gut durchdachter und ausgearbeiteter Businessplan ist auf jeden Fall ein großer Schritt, wenn nicht sogar die halbe Miete, auf dem Weg zur erfolgreichen Umsetzung der Gründung.

Die 5 wichtigsten Vorteile auf einen Blick:

1. Optimierung der eigenen Geschäftsidee

Durch das frühzeitige Formulieren eines Businessplans werden Ihnen mögliche Schwachstellen Ihrer Geschäftsidee direkt aufgezeigt, sodass Sie die Möglichkeit haben, diese anzugehen und direkt auszubessern. So erhalten Sie mehr Sicherheit dafür, das Richtige zu tun.

2. Orientierung und Struktur

Nutzen Sie den Businessplan, um sich noch einmal Schritt für Schritt über die wichtigsten Ziele und Ihr Vorgehen klar zu werden. Wo habe ich eventuell noch Wissenslücken? Welche größeren Hürden müssen vor der Gründung noch bewältigt werden und wie gehe ich in der Gründungsphase am strukturiertesten vor? Durch das Ausarbeiten Ihres Businessplans werden Sie quasi zu einer strukturierten Beantwortung dieser wichtigen Fragen gezwungen.

3. Den Markt analysieren

Was ist überhaupt meine Zielgruppe und wie spreche ich diese am effektivsten an? Mit Hilfe einer detaillierten Marktanalyse im Businessplan gelingt es Ihnen garantiert, Ihre Zielkunden herauszuarbeiten und auch die Wege zu bestimmen, mit denen Sie Ihr Produkt/Ihre Dienstleistung an diese zielsicher und effektiv verkaufen wollen.

4. Konkurrenten beobachten

Wie ist eigentlich die Konkurrenz in Ihrem Geschäftsbereich aufgestellt? Welche Nische können Sie besetzen und was macht Ihre Geschäftsidee so einzigartig? Mit einem Businessplan arbeiten Sie ganz deutlich die Unterschiede zur Konkurrenz und damit auch den Mehrwert für Ihr Unternehmen heraus. Nur so schaffen Sie es später, den/die Kunden genau für Ihre Geschäftsidee und somit auch für Ihre Produkte zu begeistern.

5. Geldgeber überzeugen

Keine Frage: Wenn es darum geht, Kreditgeber und Investoren mit ins Boot zu holen, ist der Businessplan das alles entscheidende Dokument. Dieser wird von vielen offiziellen Stellen direkt angefordert, sodass Sie ohne einen ausführlich formulierten „Masterplan" überhaupt keine Chance haben, Gelder zu akquirieren. Auch für die Teilnahme an vielen Gründerwettbewerben ist ein Businessplan Voraussetzung. Wer also Geldgeber und/oder eine Fachjury überzeugen will, für den ist der Businessplan absolute Pflicht.

Sie sehen, der Businessplan ist nicht nur für Sie selbst eine wichtige Stütze und ein praktischer Wegweiser, der Ihnen das Gerüst für Ihre Unternehmung vermittelt. Auch für viele offizielle Stellen ist er ein unerlässliches Muss, an dem Sie auf dem Weg zur erfolgreichen Unternehmensgründung gar nicht vorbeikommen.

Im folgenden Kapitel wird die ideale Struktur eines Businessplans, mit der Sie logisch und planungssicher vorgehen können, erklärt.

K 12 DER BUSINESSPLAN: STRUKTUR UND INHALTE

Sie wissen bereits, warum Ihr Businessplan so wichtig für Ihr ganzes Unternehmerdasein ist und warum Sie sich dafür wirklich ausreichend Zeit nehmen sollten. Im folgenden Kapitel erfahren Sie, welche Themen und Fragestellungen im Einzelnen Sie für sich selber und für den Leser in Ihrem Businessplan beantworten sollten. Die Reihenfolge ist so aufgestellt, dass die Themen logisch aufeinander aufbauen. Einige Themen können erst zielführend beantwortet werden, wenn vorherige Fragestellungen ausführlich bearbeitet wurden. Es ist auch ganz normal, dass ein Kapitel nicht sofort vollständig abgearbeitet werden kann. In der Regel sind die Kapitel ein ständiger fortlaufender Entwicklungs- und Arbeitsprozess. Betrachten Sie den Businessplan als ein Arbeitspapier, eine Art Reißbrett für Ihre berufliche Zukunft.

Auch nach der Gründung wird Ihnen Ihr Businessplan als roter Leitfaden Orientierung bieten. Insbesondere an den Tagen, an denen Sie nicht wissen, wo Sie anfangen sollen und Schwierigkeiten haben, Prioritäten zu setzen. Die Struktur entscheidet darüber, wie gut Sie sich für einen sicheren Start in die eigene Selbstständigkeit vorbereiten können. Ich kann es nicht oft genug betonen: Schreiben Sie den Businessplan so, als würden Sie Ihr Business einem lebendigen Gegenüber erzählen.

Allgemeines vorab

Der Businessplan wird in der Ich-Form geschrieben. Zum einen überzeugen Sie damit leichter Investoren oder Geldgeber, zum anderen wachsen Sie eher in die Denkweise des Unternehmertums hinein. Diese Art des Schreibens hat auch für Sie selber psychologische Vorteile. Wenn Sie aussagen: Ich will, ich kann und ich werde – dann ist das am Anfang sicherlich komisch, hilft aber sehr, in die Rolle hineinzuwachsen und die gesteckten Ziele auch eher zu erreichen.

Jeder Businessplan ist ganz individuell und kann nicht auf andere Geschäftsideen übertragen werden – lediglich die Struktur kann übereinstimmen. Auch die Schwerpunkte liegen, je nach Gründung, anders. Eine Mustervorlage zu nutzen oder andere Businesspläne inhaltlich kopieren, macht also absolut keinen Sinn und kann durch Fehlkalkulation im schlimmsten Fall sogar zum Scheitergrund werden.

Der Businessplan besteht aus einem reinen Textteil, in dem das Vorhaben genau beschrieben wird sowie den Planungstabellen und relevanten Anlagen. Im Textteil werden auch die Ergebnisse der Kalkulationen und der Planungsrechnung erläutert, die als Excel-Tabellen in den Anlagen beigefügt werden.

Wichtig: Erst dann, wenn Sie den Textteil zu Ihrem Vorhaben fertig ausgearbeitet haben, können Sie die Planungsrechnung aufstellen. Nur so wissen Sie, jeden relevanten Punkt in Ihre Berechnungen einbezogen zu haben.

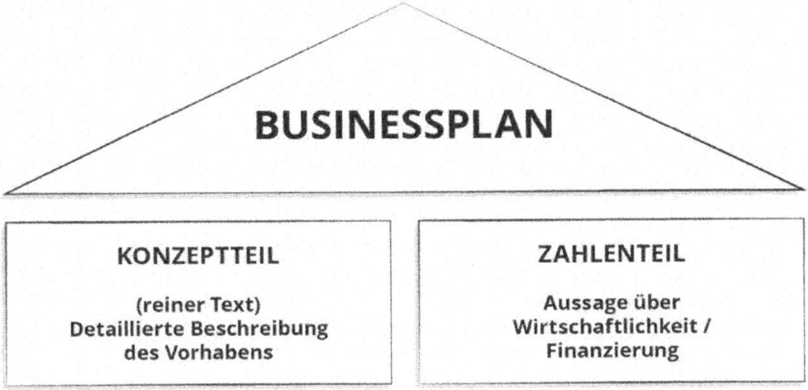

Es ist auch möglich, zunächst zu jedem Kapitel nur Stichworte zu sammeln, um danach in die Tiefe zu gehen. Wie Sie vorgehen möchten, ist Ihnen überlassen. Überlegen Sie, was für Sie leichter ist und was Sie eher motiviert. Gestartet wird, ähnlich wie bei einem Buch, mit dem Deckblatt.

BUSINESSPLAN VORLAGE im Downloadbereich:
www.existenzgruendung45plus.de/downloads

1.0 Deckblatt

Ihr Logo
(wenn schon vorhanden)

Businessplan
(Firmen-) Name xxxx

in xxx

zum 1. xx. xxxx

Kontaktdaten Gründerperson

- Name
- Anschrift
- PLZ, Ort
- Telefon
- E-Mail

1.1 Inhaltsverzeichnis Businessplan

Die Seitenzahlen im Inhaltsverzeichnis sollten am Ende mit den einzelnen Seiten in den Kapiteln übereinstimmen.

1. ZUSAMMENFASSUNG

Dieses Kapitel sollte max. 1,5 Seiten umfassen.

Die Zusammenfassung zu Beginn dient in erster Linie dazu, den Leser schon einmal auf den Inhalt des Businessplans und die Thematik an sich einzustimmen.

Als Einleitung eignen sich einige Kernaussagen, z. B.

- In welcher Branche gründen Sie?
- Welches Produkt/welche Dienstleistung bieten Sie an?
- Wie sieht Ihre Hauptzielgruppe aus?
- Bedienen Sie eine Nische oder sind Sie Spezialist?
- Haben Sie ein Alleinstellungsmerkmal, mit dem Sie sich von anderen abgrenzen?
    - Kurz: Wie stellt sich die Marktsituation dar und welche Potenziale bietet der adressierte Zielmarkt?
    - Kurz: Wie heben Sie sich von der Konkurrenz ab/was ist Ihr Alleinstellungsmerkmal? Welchen besonderen Nutzen bringt Ihr Produkt/Dienstleistung für die Zielkunden?
- Benötigen Sie Fremdkapital?
- Verfügen Sie über besondere Kompetenzen, die für die Gründung relevant sind?

Tipp: Schreiben Sie die Zusammenfassung erst dann, wenn alle anderen Kapitel fertig sind. So stellen Sie sicher, dass sie auf dem aktuellsten Stand ist und Sie alles Wichtige bedacht und aufgeschrieben haben.

2. ANGABEN ZUR GRÜNDERPERSON

Hier geht es um Ihre Person – Ihr ganz persönliches und individuelles Gründerprofil.

In diesem Kapitel beschreiben Sie folgende Fakten:

- Was ist Ihr Jahrgang, Ihre familiäre Situation und Ihr Wohnort – sofern dieser für das Gründungsvorhaben relevant ist?
- Welche fachlichen und branchenspezifischen Qualifikationen bringen Sie mit?
- Warum sind Sie in kaufmännischer und unternehmerischer Hinsicht geeignet, Ihre Geschäftsidee zu realisieren?
- Wo haben Sie diese Fähigkeiten jeweils erworben?
- Kennen Sie die betriebswirtschaftlichen Zusammenhänge eines Unternehmens?
- Bestehen Zulassungsvoraussetzungen für die selbstständige Tätigkeit, brauchen Sie z. B. eine Konzession oder einen Eintrag in die Handwerksrolle?
- Bei Teamgründungen: Über welche Qualifikationen verfügen die einzelnen Gesellschafter? Wie verteilen Sie aufgrund dessen die Zuständigkeiten im Unternehmen?
- Was sind Ihre Beweggründe zur Selbstständigkeit?
- Welche Ziele verknüpfen Sie mit der Selbstständigkeit?
- Welche besonderen Stärken haben Sie?
- Welche Defizite sehen Sie bei sich und wie werden Sie damit umgehen?

Beispiel für den Kapitelanfang:

Mein Name ist Dagmar Schulz, ich bin 52 Jahre jung und gebürtige Düsseldorferin. Ich lebe seit 4 Jahren außerhalb von Düsseldorf, was dazu beigetragen hat, die Gründungsidee in diesem Bereich für Düsseldorf zu entwickeln.

Nach meiner erfolgreich abgeschlossenen Ausbildung als ...

Wichtig – die Nachfolgeregelung

Fragen Sie sich gerade: Ich gründe doch jetzt erst einmal und soll schon an eine Nachfolge denken? Ein Jurist würde das beantworten mit „Es kommt darauf an ..." Wichtig ist diese Frage etwa, wenn Sie für Ihr Vorhaben eine Finanzierung benötigen. Dann sollten an dieser Stelle im Businessplan Ihre Gedanken und Planungen zur möglichen Nachfolgeregelung festgehalten werden. Je nach Konstellation (Branche, Finanzierungshöhe, Alter der Gründerperson), muss dieser Punkt dann schon ein Stück weit geregelt bzw. bedacht sein.

Aber auch für Sie selbst ist die Nachfolgeregelung ein wichtiger Aspekt. Lassen Sie sich nicht zu lange Zeit, denn ein geeigneter Nachfolger sollte so früh wie möglich Einblick in wichtige Geschäftsbereiche erhalten. U. U. kann Ihr potenzieller Nachfolger auch als Urlaubs-/Krankheitsvertretung einspringen ... Sie sehen, dieser Bereich ist ein äußerst wichtiger und eine solide Regelung schafft für alle Seiten Sicherheit. Oder möchten Sie Ihr Unternehmen im schlimmsten Fall der Fälle der Willkür anderer aussetzen?

3. DARSTELLUNG DES VORHABENS

3.1 ANGEBOT / DIENSTLEISTUNG / PRODUKT / USP / PREISKALKULATION

Hier geht es jetzt um die ganz ausführliche Beschreibung Ihres Angebotes. Denken Sie dabei daran, dass auch ein Fachfremder Ihre Idee nachvollziehen können sollte.

Diese Themen sollten Sie in diesem Kapitel ausführlich beschreiben:

- Die Branche, in der Sie etwas anbieten möchten
- Was konkret Sie anbieten werden (welches Produkt/welche
- Dienstleistung)
- Warum Kunden das Produkt/die Dienstleitung „kaufen“ sollen
- Was ist das Besondere, was sind Ihre Alleinstellungsmerkmale? (USP = Unique Selling Point/Proposition)
- Zu welchem Preis bzw. Honorar werden die Produkte/ Dienstleistungen angeboten?
- Kurz: Wo ist der Standort Ihres Unternehmens? Warum wurde dieser gewählt?

Das hört sich nach ganz einfach und schnell beantworteten Fragen an – das trifft aber nicht zu. Dieses umfassende Kapitel bildet das erste Herzstück Ihres Businessplans und ist bei guter Ausarbeitung mehrere Seiten lang. Erst wenn Sie dieses Kapitel ausgefeilt haben, können Sie genau überlegen, wer Ihre Zielgruppe ist und wie Sie die treffende Marketingplanung und alles darauf Aufbauende effektiv und sinnvoll planen können.

Beschreiben Sie ganz genau, in verständlicher Form, was Sie anbieten möchten und vermeiden Sie Fachchinesisch oder verklausulierte Sätze. Erklären Sie die Produkte oder die Dienstleistung, die Sie anbieten möchten, möglichst genau. Bei einer Dienstleistung können manchmal auch gut „Pakete“ geschnürt werden, das macht es für den Leser ggf. einfacher zu verstehen.

Gibt es (Tätigkeits-) Schwerpunkte, die Sie anbieten? Sind Sie für etwas ein Spezialist oder belegen Sie mit Ihrem Angebot eine Nische? Ist es etwas ganz Neues, was Sie anbieten? Wo liegen Ihre Alleinstellungsmerkmale ganz konkret?

Ihr Alleinstellungsmerkmal – auch USP genannt (Unique Selling Point/Proposition)

Es gibt zwei Arten von USP: Ein natürlicher USP lässt sich aus einem Produkt, seinen Eigenschaften oder seiner Herstellungsweise fast schon „selbstverständlich“ ableiten. Wohingegen ein künstlich geschaffener USP erst durch die besondere Werbung entsteht und weniger messbar ist. Wichtig ist in jedem Fall, dass der USP absolut glaubwürdig und auch tatsächlich relevant ist, sonst geht der Schuss nach hinten los.

Wie finde ich mein Alleinstellungsmerkmal?

Die folgenden fünf Schritte helfen Ihnen dabei, Ihr Alleinstellungsmerkmal zu überprüfen und ggf. noch verstärkt herauszubilden:

1. Versetzen Sie sich in Ihre Kunden

Jeder Existenzgründer ist von Anfang an mit Leib und Seele dabei und konzentriert sich teilweise dabei sehr stark auf sich und seine Interessen. Bedenken Sie immer: Wenn Sie etwas verkaufen möchten, geht es dabei nicht um Sie und Ihre Wünsche, sondern die Wünsche der Kunden. Versetzen Sie sich deshalb in Ihren Kunden hinein: Was könnte wichtig für ihn sein? Wo ist sein Nutzen, sein Vorteil?

2. Stellen Sie die Einzigartigkeit heraus

Überlegen Sie sich genau, welchen Aspekt Ihrer Tätigkeit/Ihres Angebotes Sie speziell herausstellen möchten. Was macht Ihr Unternehmen besonders, was macht es so speziell? Wofür möchten Sie bekannt werden? Besetzen Sie eine Nische im Markt oder schließen Sie eine Marktlücke? Was kann (kaum) ein anderer so wie Sie? Was finden Kunden nur bei Ihnen?

3. Formulierung eines klaren Kundennutzens

Ihr Alleinstellungsmerkmal muss einen besonderen Kundennutzen aufweisen. Fragen Sie sich, warum der Kunde sich gerade für Sie und Ihr Unternehmen entscheiden soll. Was zeichnet Sie aus? Sie können nur dann von einem Wettbewerbsvorteil profitieren, wenn das Alleinstellungsmerkmal für den Kunden relevant und signifikant ist.

4. Betonung eines dauerhaften Kundennutzens

Ihr Angebot sollte im Idealfall ein Alleinstellungsmerkmal aufweisen, das nicht einfach und vor allem nicht sofort kopierbar ist. Je dauerhafter der besondere Kundennutzen ist, umso wertvoller ist das Alleinstellungsmerkmal.

5. Abheben von Mitbewerbern

Gibt es etwas, durch das Sie sich absolut von der Konkurrenz unterscheiden? Der Erfolg eines USP hängt im Wesentlichen davon ab, dass die Einzigartigkeit und Unverwechselbarkeit von Kunden auch wahrgenommen wird und zudem insbesondere von der Konkurrenz nicht einzuholen ist.

Beispiele für mögliche Alleinstellungsmerkmale:

- 24-Stunden-Service
- Kostenloser Versand
- Besondere Herstellung oder spezielles Verfahren
- Besondere technische Eigenschaften
- Preis/Leistung
- Zeitmanagement
- Nachhaltigkeit
- Bei einer Dienstleistung: Ihre Person, Eigenschaften und Kenntnisse

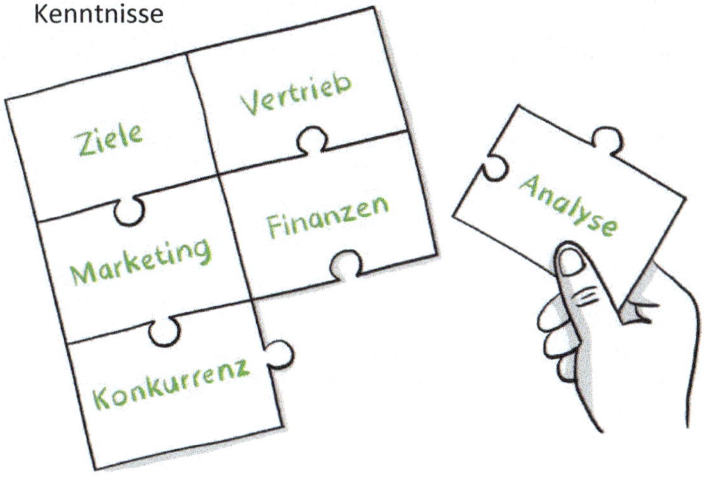

Bekennen Sie sich zu Ihrer Einzigartigkeit!

Ein guter Tipp zum Schluss: Falls Sie bereits gegründet haben, fragen Sie Ihre Kunden doch einfach mal, aus welchem Grund sie bei Ihnen kaufen (statt bei anderen Anbietern) und was sie an Ihrem Angebot besonders schätzen. So können Sie nebenbei herausfinden, was sich Ihre Kunden evtl. als Verbesserung wünschen – und erhalten möglicherweise wertvolle Hinweise, wie Sie eine echte Marktlücke füllen können. Zudem mag es fast jeder Kunde, wenn er nach seiner Meinung gefragt und somit wertgeschätzt wird.

Die Preiskalkulation

Bei der Preiskalkulation sollten Sie genau überlegen, womit Sie starten. Ein fataler Fehler wäre, mit Dumpingpreisen zu starten, nur um überhaupt irgendwie Umsatz zu machen. Von dieser billigen Schiene kommen Sie nur schwer wieder runter und der Kunde erwartet zukünftig dauerhaft günstige Preise. Denken Sie nur an die Baumarktkette, die dauerhaft 20 % auf alles gegeben hat. Es gibt sie heute nicht mehr. Auf Dauer ist so eine kurzsichtige Vorgehensweise unglaubwürdig und unternehmerisch weder clever noch logisch.

Aber: Sie können mit Einführungsaktionen oder Sonderpreisen arbeiten sowie mit saisonalen Preisvorteilen. Der Phantasie sind hier keine Grenzen gesetzt – nur bitte nicht 365 Tage im Jahr mit Sonderpreisen arbeiten. Preispolitik aus dem Bauch heraus ist keine Lösung, die zum Erfolg führt. Nur eine gründliche Markt- und Bedarfsanalyse bildet eine solide Basis für Ihre Preisgestaltung.

Wenn Sie eine Dienstleistung anbieten, bestehen bei vielen Gründern Hemmungen, angemessene Preise zu verlangen. Sie verkaufen quasi ihre Zeit und müssen dem Kunden gegenüber häufig regelrecht begründen, warum sie den Preis dafür so „hoch“ ansetzen. Besonders in Kreativberufen wird eine immaterielle Idee verkauft, die man weder anfassen noch wirklich sehen kann. Da fällt es vielen Gründern schwer, zu ihren Preisen zu stehen und auf Kundennachfragen adäquat und professionell zu antworten.

Händler haben es da häufig einfacher, weil sie sich einerseits an den Einkaufspreisen orientieren können und der Kunde zweitens nach dem Kauf „etwas in der Hand“ hat.

Für alle Branchen gilt: Wer zu wenig verlangt, kann auf Dauer nicht kostendeckend arbeiten, von Gewinn ganz zu schweigen. Denken Sie nur an Steuern und andere Ausgaben, diese wollen erst einmal abgedeckt sein, bevor Sie überhaupt einen Gewinn erwirtschaften können. Ihre Preise sollten entsprechend kalkuliert werden, verkaufen Sie sich und Ihre Leistung nicht unter Wert. Viele Unternehmer tappen in die Preisfalle. Das Ergebnis: Unternehmen überstehen oftmals die ersten drei Jahre nicht. Rechnen Sie einmal ganz bewusst durch: Können Sie mit Ihren Einnahmen Ihre Betriebs- und Lebenshaltungskosten decken, wenn Sie die im Endziel geplante Auslastung Ihrer Kapazität erreichen?

Tipp für Dienstleister: Arbeiten Sie zu Beginn, etwa für die ersten drei Stunden, mit einem Einführungs- und Kennenlernpreis, damit sich der Kunde von Ihrer Qualität und Leistung überzeugen kann. Kommunizieren Sie aber klar, wo Ihr normaler Satz liegt und dass dieser für Folgeaufträge gilt. Ja – ein gefühlt gewagter Schritt, aber nur so können Sie langfristig „überleben“. Der Vorteil ist hier auch, zu „üben“ und gegebenenfalls das Angebot weiter modifizieren zu können. Machen Sie aber in jedem Fall von Anfang an klar, dass das Angebot begrenzt ist, um glaubwürdig und wertvoll zu bleiben. Eine weitere Möglichkeit ist eine Art Neukundenrabatt, den Sie neuen Kunden einmalig gewähren. Die Vorteile sind hier, dass sich der Kunde über einen Preisnachlass freuen kann, Sie aber gleichzeitig Ihren normalen Satz nehmen können und darüber zukünftig nicht diskutieren müssen.

Grundsätzlich gilt: Sie haben, wie Ihr Vertragspartner ja letztendlich auch, nichts zu verschenken. Haben Sie gegenüber Mitbewerbern einen echten USP, der Ihren Kunden einen echten Nutzen bringt, können Sie auch höhere Preise nehmen als die Konkurrenz. Wichtig ist, dass Sie Kunden finden, die zu Ihnen und Ihrem Angebot passen, dieses zu schätzen wissen und bereit sind, den adäquaten Preis dafür zu zahlen.

Weitere Ideen für „Sonderpreise“: Eröffnungsangebote, Specials, Schnupperangebote, themenbezogene Aktionen, saisonale Angebote, Abverkäufe, Verkaufspartys, Lagerverkäufe etc.

3.2 RECHTSFORM, GENEHMIGUNGEN

Unter diesem Punkt halten Sie fest, in welcher Rechtsform das Unternehmen geführt werden soll und warum Sie diese gewählt haben.

Darüber hinaus erläutern Sie, ob besondere Genehmigungen oder Auflagen für Ihr Vorhaben erforderlich sind (Konzession, Bestimmungen, Schutzgesetzte, Offenlegungspflichten u. Ä.).

Die häufigste Form der Gründung, wenn nur eine Person involviert ist, ist der Einzelunternehmer.

Informationen zu den gängigsten Rechtsformen werden in Kapitel 10.3 erklärt, auf der Seite des BMWi (Bundeswirtschaftsministerium) unter www.existenzgruender.de finden Sie weitere ausführliche Informationen. Empfehlenswert ist auch eine persönliche Beratung durch einen Rechtsanwalt oder den Rat eines Unternehmensberaters.

3.3 ORGANISATIONS-, MITARBEITERPLANUNG

Dieses Kapitel erläutert die verschiedenen Aufgaben- und Verantwortungsbereiche Ihres Unternehmens, Fragen zur Organisation sowie zum Personalbedarf.

Sobald Sie selbstständig tätig sind, vereinen Sie i. d. R. alle Abteilungen eines Unternehmens, die notwendig sind, in einer Person. Wie bereits erwähnt empfehle ich, direkt von Anfang an die Dinge auszulagern, die nicht in Ihrem Kernkompetenzbereich liegen, um unnötige Zeitfresser und auch teure Fehler zu vermeiden (z. B. bei den Themen Steuern, Lohnabrechnungen für Mitarbeiter und Web).

Folgende Fragestellungen zu Ablauf und Organisation sollten inhaltlich – falls für Ihr Unternehmen zutreffend – bearbeitet werden:

- Was sind die Kernaufgaben Ihres Unternehmens, die Sie selber übernehmen?
- Welche unterstützenden Funktionen sind darüber hinaus erforderlich und wie und mit welchen verbundenen Kosten werden diese abgedeckt?
- Wie werden insbesondere eine ordentliche Buchhaltung und Steuererklärung sichergestellt?
- Wie sieht die Organisationsstruktur Ihres Unternehmens aus (verschiedene Abteilungen mit personeller Besetzung?)?
- Wie bewältigen Sie eventuell saisonale Spitzen, Urlaubs- und Krankheitszeiten?
- Wie viele freie-, Halbtags- oder Vollzeitmitarbeiter benötigen Sie ab wann und mit welchen Kosten ist das verbunden?
- Bei Teamgründungen: Welche Aufgaben übernehmen die einzelnen Gesellschafter? Wie ist die hierarchische Ordnung/das Verhältnis untereinander geregelt? Welche Entscheidungen trifft wer oder werden alle Entscheidungen grundsätzlich gemeinsam getroffen?
- Welche Öffnungszeiten möchten Sie abdecken bzw. zu welchen Zeiten wollen Sie für Ihre Kunden erreichbar sein?

Wichtig und frühzeitig zu klären: Haben Sie eine Person, die für Sie einspringen kann, wenn Sie mal (spontan) nicht einsatzfähig sind? Wer vertritt Sie im Falle eines Falles? Ein immens wichtiger Punkt, ich spreche aufgrund eines Unfalles, der mich einige Wochen lahmgelegt hat, aus eigener Erfahrung.

3.4 ZIELGRUPPE

Erst wenn Sie Punkt 3 – die genaue Beschreibung Ihres Angebotes – vollständig ausgearbeitet haben, macht es Sinn, sich genauere Gedanken über Ihre Zielgruppe zu machen. Sowohl Ihre Zielgruppe als auch Ihre Konkurrenz haben einen großen Einfluss auf Ihr Unternehmen, da wesentliche Entscheidungen von diesen beiden Kreisen abhängen. Daher ist es enorm wichtig, von diesen beiden Gruppen so viele Informationen wie möglich zu sammeln und zu analysieren, um nicht am Ziel vorbei zu planen. Jeder Kontakt kostet Zeit und Geld. Daher sollten Sie sich klar darüber sein, wen Sie wie ansprechen möchten. Die harte Arbeit der Analyse kann sich unter Umständen mühselig und zäh anfühlen. Aber glauben Sie mir – es lohnt sich für Ihren Erfolg am Ende!
Eine Zielgruppendefinition geht bis ins kleinste Detail, sodass Sie quasi Ihren „Kunden-Prototypen" genau definiert und quasi vor Augen haben. Im Prinzip geht es darum, Gemeinsamkeiten zwischen Ihren potenziellen Kunden zu finden und daraus eine Gruppe zu bilden – Ihre Zielgruppe. Gruppen haben bestimmte Gemeinsamkeiten und diese sollten Sie kennen und für sich zusammenfassen.

Erst wenn die Zielgruppe ganz genau feststeht, können Sie sich an das Kapitel Marketing wagen. Denn erst dann wissen Sie ganz genau, wen Sie erreichen wollen. Auf dieser Grundlage können Sie dann die passenden Maßnahmen erarbeiten und die notwendigen Kosten dafür kalkulieren. So vermeiden Sie, für die falschen Marketingmittel unnötig Geld auszugeben.

Lösen Sie das Leid der anderen – dann lösen Sie auch das Problem, Ihre Zielgruppe zu finden!

Welche Zielgruppe möchten Sie bedienen? Wer ist die erfolgversprechendste (Leidens-) Zielgruppe? Welche Bedürfnisse können Sie bei wem befriedigen, wer braucht das, was Sie anbieten?

Definieren Sie Ihre Zielgruppe vorrangig über deren Probleme, Wünsche und Bedürfnisse. Danach folgt die Einteilung nach Branche, Kaufkraft & Kaufmotiv, Alter, Hobbys, Beruf etc.

Wie definiere ich meine Zielgruppe?

Um die Zielgruppe Ihres Unternehmens zu bestimmen, sollten Sie sich detailliert mit Ihrem Produkt/Ihrer Dienstleistung und den Menschen, die diese kaufen, auseinandersetzen.
Idealerweise wissen Sie am Ende Ihrer Analyse ganz genau, wer Ihr typischer Kunde ist.

Die folgenden Fragen helfen Ihnen dabei, Ihre Zielgruppe genauer zu analysieren:

- Welche Zielgruppe möchte ich ansprechen?
- Welches Problem hat meine Zielgruppe?
- Welches Bedürfnis hat meine Zielgruppe?
- Welche Wünsche hat meine Zielgruppe?
- Welche Lösungen (Vorteile) kann ich dieser Zielgruppe anbieten (Kundennutzen)?
- Welche Entwicklungen und Trends sind absehbar?
- Wie hat sich meine Zielgruppe in der Vergangenheit entwickelt?
- Welche Strukturen und Mechanismen kennzeichnen meine Zielgruppe?

Fragen Sie sich außerdem:

- Was bewegt die Kunden und welche Gründe treiben sie zum Kauf?
- Ist es der (günstige) Preis, die herausragende Qualität Ihrer Produkte/Dienstleistung, ist es das spezielle Design, die Funktionalität oder eine ganz andere Eigenschaft?
- Anhand welcher Kriterien lässt sich Ihre Kundschaft weiter unterteilen?
- Wie können Sie diese Segmente voneinander abgrenzen? Können Sie sie jeweils griffig benennen?
- Wie weit ist Ihr (regionaler) Aktionsradius, in dem Sie Ihre Kunden/Zielgruppe ansprechen möchten?

- Welche soziodemografischen Merkmale kennzeichnen Ihre Zielgruppensegmente? Durch welche Merkmale sind sie noch gekennzeichnet?
- Was sind die Bedürfnisse dieser einzelnen Kundensegmente?
- Welche Zielgruppen sind Ihnen am wichtigsten und warum?

Weiterhin geht es darum, Ihre Zielgruppe anhand von soziodemografischen Daten näher einzugrenzen. Dazu zählen z. B.:

- Alter, Geschlecht
- Beruf
- Familienstand
- Wohnort
- Einkommen
- Sprache
- Konsum-/Kaufverhalten
- Persönliche Interessen, Vorlieben
- Politische Ansichten
- Wie ist das Mediennutzerverhalten?
- Welche Einstellung hat Ihre Zielgruppe zu Ethik?
- Welche persönlichen Werten wie Geld, Familie, Urlaub und welche gesellschaftlichen Werte sind meinen Kunden wichtig?
- Allgemein: Was für ein Typ ist sie/er? Eher zurückhaltend, sachlich und vorsichtig bei der Wahl von Produkten oder eher spontan und emotional?
- Wonach sehnt sich Ihr Traumkunde und was sind seine/ihre größten Probleme?
- Mit welchen Problemlösungen können Sie sie/ihn glücklich machen?

Sicher gibt es noch weitere Faktoren, die hier aufgelistet werden können, d. h. diese Liste ist nicht vollständig. Bedenken Sie immer, dass die Fragestellung zu Ihrer Zielgruppe so individuell wie Ihr Wunschkunde selbst ist.

Bei Firmen als Zielgruppe:

- Um welche Branchen handelt es sich?
- Um welche Unternehmensgröße?
- Gibt es weitere besondere Merkmale, um die Unternehmen, die Sie suchen, einzugrenzen?
- Haben die von Ihnen gesuchten Unternehmen eine spezielle Ausrichtung, einen besonderen Spirit oder sind sie in einem Bereich besonders engagiert?
- Können Unternehmen mittels Ihres Angebotes das Firmenimage aufpolieren?

Weitere Vorgehensweise:

Nachdem Sie die Eigenschaften Ihrer Zielgruppe detailliert durchdacht und aufgeschrieben haben, sollten Sie idealerweise in der Lage sein, eine klarere Zielgruppendefinition vorzunehmen. Bedenken Sie dabei: Das Zusammentragen dieser Informationen ist nichts, was man „mal eben so nebenbei“ fertigstellt. Es kann und soll durchaus eine Weile in Anspruch nehmen, damit das Ergebnis dann umso genauer und treffender ist. Auf diese Weise können Sie Ihre Zielgruppe Schritt für Schritt immer weiter eingrenzen.

Ein mögliches Ergebnis könnte sein, dass Ihre Zielgruppe durch folgende Kriterien gekennzeichnet ist:

- Weiblich
- Zwischen 25 und 35 Jahre alt
- Verfügt über ein mittleres Einkommen
- Legt Wert auf Nachhaltigkeit
- Kauft überwiegend regionale Produkte bei ansässigen Herstellern
- Mag Sport und gesunde Ernährung
- Kauft nicht spontan ein, sondern plant

Diese Zielgruppe könnte z. B. zutreffend für einen Gründer, der selbstgemachte Marmeladen anbietet oder Obst auf dem Wochenmarkt verkauft.

Wenn Sie jetzt die Frage „Weiß ich genau, wen ich ansprechen muss?" positiv beantworten können, ist die Benennung der Zielgruppe fertig und korrekt. Nutzen Sie die Zielgruppenanalyse, um Ihre „Wunschkunden“ immer besser kennenzulernen. So sind Sie langfristig in der Lage, Ihre Marketingstrategie noch effizienter auszurichten und das bedeutet nichts anderes als: Umsatz und Erfolg.

Ein wichtiger Punkt ist auch zu bedenken, dass nicht jeder Käufer eines Produktes auch der Verwender ist. Dieser Aspekt spielt bei der weiteren Marketingplanung eine wichtige Rolle.

3.5 MARKETINGSTRATEGIE UND VERTRIEB

Die größte Frage aller Fragen oder auch die Gretchenfrage lautet: Wie komme ich an (zahlende) Kunden? Zugleich ist dies auch die größte Sorge aller Gründer, denn selbst das beste Produkt vermarktet sich selten von ganz alleine. Das Zauberwort lautet: Marketing.

Marketing ist mehr als nur Werbung, es ist wie ein ganz bunter Blumenstrauß und kann aus zig verschiedenen Elementen bestehen. Sie müssen sich zu Beginn der Überlegungen über das passende Marketing darüber klar werden, was Sie erreichen wollen: Bekanntheit, Marke stärken, gutes Image, viele Umsätze, viel Gewinn. Natürlich, Sie möchten alles auf einmal. Welche Strategie wollen Sie zum Erreichen Ihrer Ziele verfolgen?

Wenn Sie im Kapitel vorher Ihre „Hausaufgaben“ gemacht haben und nun genau wissen, was Sie zu welchem Preis anbieten wollen, welches Ihr USP ist und wer Ihre Zielkunden sind, können Sie nun zielgenau und effektiv in Ihre Marketingplanung einsteigen – ein sehr spannendes Thema.

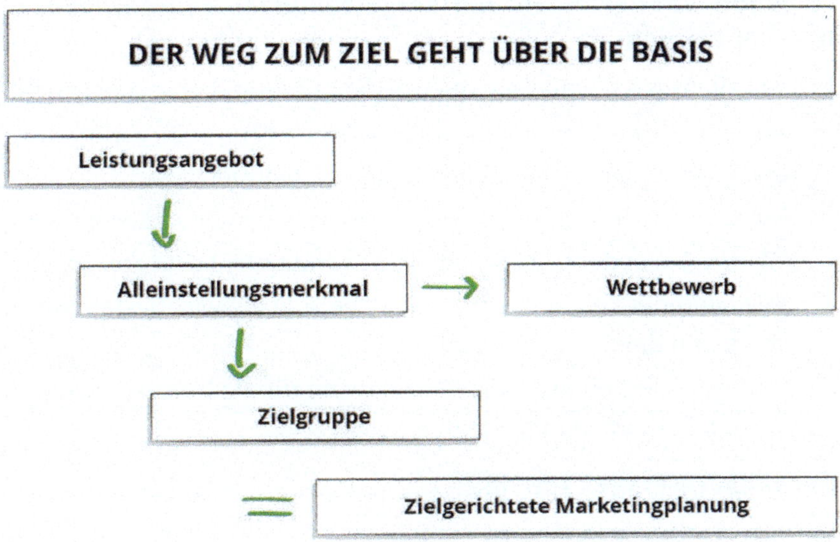

Beschreiben Sie in diesem Kapitel Ihre Strategie für Ihre Akquise, Kundenfindung und Kundenbindung. Hier dürfen Sie Ihrer Kreativität freien Lauf lassen. Wie machen Sie Ihren Betrieb und Ihr Angebot bekannt? Wie wollen Sie Ihre Zielgruppe erreichen und das Produkt/die Dienstleitung „verkaufen“? Kurz: Wie erfährt die Welt von Ihnen und Ihrem Unternehmen? Von all den Vorteilen, die Sie anbieten? Wie bekommen Sie Ihre Zielgruppe dazu, all Ihre Vorteile zu erkennen?

Folgende Überlegungen und Fragestellungen sollten dabei behandelt werden:

- Welche Werbe-, Absatzmaßnahmen und -mittel werden Sie nutzen, um die Kunden, die Sie ansprechen möchten, zu erreichen und welche, um vorhandene Kunden zu halten?
- Mit welcher Strategie wollen Sie potenzielle Kunden überzeugen?
- Welche besonderen Aktionen zum Markteintritt sind geplant?
- Wie sieht der Zeitplan aus und welche sind die wichtigsten Meilensteine auf dem Weg zum Ziel?
- Welches Werbebudget planen Sie wann für die Umsetzung der einzelnen Maßnahmen ein?

Gegencheck-Fragen für Sie:

- Wie schätzen Sie die Wirkung der geplanten Maßnahmen im Verhältnis zum geplanten Budget ein?
- Wie hoch ist Ihr (einmaliges) Marketingbudget am Anfang – was planen Sie wofür monatlich und auch regelmäßig ein?
- Haben Sie alle Kosten und einen realistischen Zeitaufwand hierfür einkalkuliert?

> ***„Es muss von Herzen kommen, was auf Herzen wirken soll!“***
> ***J. W. von Goethe***

Die folgenden Fragestellungen sollen Sie dabei unterstützen, den Kundennutzen und die Positionierung für Ihr Marketing heraus zu arbeiten:

- Worin besteht der Kernnutzen für Ihre Kunden (für den diese zu zahlen bereit sind), den Sie mit Ihrem Marketing ansprechen möchten?
- Auf welche Weise verbessern Sie das Angebot in Ihrer Branche?
- In welchen Aspekten unterscheiden Sie sich von Ihren Wettbewerbern?
- Welches Alleinstellungsmerkmal macht Ihr Unternehmen einzigartig?
- Wofür steht Ihr Unternehmen? Wie lässt sich dies in einem Satz ausdrücken?
- Welche besonderen Qualitäten (zum Beispiel Zuverlässigkeit, Freundlichkeit, Schnelligkeit) zeichnen Sie aus?

Diese zentralen Fragestellungen zum Vertrieb und zur Kommunikation sollten Sie sich stellen:

- Welche Vertriebskanäle möchten Sie nutzen?
- Welche Zielgruppen sind auf welchen Vertriebskanälen erreichbar?
- Vertreiben Sie direkt oder indirekt? Wie wollen Sie ggf. Mittler oder Zwischenhändler von Ihrem Angebot überzeugen?
- Haben Sie eine Referenzliste, die Sie ggf. nutzen können?
- Zu welchen potenziellen Kunden oder Kooperationspartnern besteht ggf. bereits näherer Kontakt, den Sie nutzen können?

Marketing-Möglichkeiten, Ideen und Tipps

Jetzt dürfen Sie kreativ werden und sich bei Ihrer eigenen Außendarstellung ein wenig „austoben". Welches Erscheinungsbild, welche Corporate Identity möchten Sie Ihrem Unternehmen geben? Haben Sie Ihre Unternehmensfarbe und die Bildersprache passend zur Zielgruppe ausgewählt? Vergessen Sie nicht den einen (ersten) Moment, Ihre größte Chance, wenn der Kunde auf Sie und Ihr Business blickt. Dieser erste Eindruck sollte optimal geplant, perfekt durchdacht und natürlich positiv sein. Fangen Sie besser klein, dafür aber „fein" mit Ihrer Außendarstellung an. Selbstgebasteltes – online oder offline – mag Ihnen vielleicht liegen, wird aber meist von Außenstehenden sofort als solches erkannt und wirkt fast immer unprofessionell. Gerade dann, wenn Sie etwas Hochpreisiges anbieten, sollte der Gesamteindruck, den Sie vermitteln, auch dazu passen.

Logo, einheitliches Corporate Design, ordentliche Geschäftsausstattung – Wie stelle ich mein Unternehmen nach außen dar?

Zum Start benötigen Sie ein passendes Logo, das sich dann auf Ihrer Visitenkarte und dem Briefbogen, später auch auf Ihrer Website und allen Medien, die Sie nutzen, wiederfindet. An ein gelungenes Logo erinnert man sich gerne, es prägt sich gut ein und hat einen schnellen Wiedererkennungswert. Ein klares Briefing vorausgesetzt kann ein guter Grafiker Ihre Wünsche optimal umsetzen. Fragen Sie Kontakte, deren Logos Ihnen gefallen, nach Empfehlungen für Grafiker. Ein Flyer ist am Anfang nicht zwingend notwendig, da die Wirkung einer Verteilung unter Umständen mehr Zeit und Geld kostet, als dass sie die richtigen Kunden „trifft". Erfahrungsgemäß ändert sich ein Flyer auch häufig, wenn Sie erste Erfahrungen im Umgang mit Ihren Kunden gesammelt haben und müssen dann, ehe Sie sich versehen, neue drucken. Bei allen Printsachen, die Sie Kunden in die Hand geben möchten, sollten Sie auf gute Qualität achten, denn Sie wissen ja bereits: Der erste Eindruck entscheidet.

Im Netz und auch privat: Setzen Sie von Anfang an auf Empfehlungsmarketing

Sie kennen das doch selbst: Wenn Ihnen jemand einen guten Betrieb oder eine Dienstleistung empfiehlt, dann nehmen Sie diesen Tipp meist gerne an, da Sie dem Urteil eines Bekannten, Freundes oder Familienmitgliedes vertrauen. Genau das macht das Empfehlungsmarketing aus. Dabei können Sie natürlich weiterhin ganz gezielt die klassische Mund-zu-Mund-Propaganda von Verwandten, Freunden oder Bekannten nutzen. Aber auch und vor allem aktives Wirken auf den verschiedenen Social-Media-Kanälen wie Facebook, Twitter & Co. ist jetzt als Marketingmaßnahme gefragt. Denn hier können Sie sich ideal präsentieren und in kurzer Zeit viel Aufmerksamkeit für Ihre Dienstleistung erregen.

Unterschätzen Sie die Google™Suche nicht

Lassen Sie sich von Ihren zukünftigen Kunden finden und nutzen Sie dazu die kostenlosen Tools von Google™. Wer könnte Ihnen besser helfen, gefunden zu werden, als Google™ selbst? Setzen Sie deshalb auf Google™ My Business, Google™ Trends und den Google™ Adwords Keyword Planner. Denn diese kostenlosen Tools können Ihnen langfristig dazu verhelfen, noch mehr Kunden zu erreichen. Alles, was Sie anfangs investieren müssen, ist Ihre Zeit. Mehr dazu und zum Thema Homepage wird unter dem Punkt Onlinemarketing erläutert.

Kooperationen

Gerade für den Anfang kann es durchaus Sinn machen, geeignete Kooperationen, die das eigene Angebot ergänzen, einzugehen. Nach dem Motto „Gemeinsam sind wir stark“ können Sie sich so gegenseitig promoten und mit Tipps unterstützen. Dabei kann es sowohl zu gemeinsamen Marketing-Maßnahmen kommen als auch zur Erweiterung Ihres beruflichen Netzwerkes. Ganz egal, ob

Startups untereinander kooperieren oder bereits größere Unternehmen mit Existenzgründern: In den meisten Fällen ist es ein Gewinn für beide Seiten.

Vorträge halten

Hätte man mir in meinem „alten" Leben gesagt, dass ich einmal gerne vor großem Publikum spreche, hätte ich – salopp ausgedrückt – den Piepmatz gezeigt. Was ich damit sagen will: Ich liebe es, anderen Menschen zu erzählen, wie Dinge funktionieren. Wie man es richtig anstellt mit der Gründung, mit dem Marketing oder dem Businessplan. Mir bereitet es Freude, anderen mein Wissen weiterzugeben und auch Mut zu machen. Und genau das kommt beim Zuhörer an und bleibt hängen. Werden Sie präsent durch Fachvorträge. So stehen Sie im Vordergrund, machen auf sich aufmerksam und können sich als Experte in Ihrem Gebiet „vorstellen".

Wenn Sie über Ihr Business sprechen, brennt dann auch die Luft? Dann sollten Sie überlegen, einen Vortrag zu halten, z. B. indem Sie im Kleinen anfangen bei einer nicht ganz so großen Veranstaltung. Beginnen Sie mit wenig Publikum, wenn Sie unsicher sind und Lampenfieber haben. Unter uns, Lampenfieber habe ich immer und das ist auch gut so, denn sonst wäre die Luft raus. Es gibt sich, wenn erst einmal die ersten Sätze gesprochen sind, wenn die ersten Köpfe im Publikum nicken (vor Zustimmung, nicht Müdigkeit) und Sie erwartungsvoll anlächeln. Vorträge halten oder ein Seminar zu geben ist auch immer eine sehr gute Möglichkeit, Kunden oder wertvolle Kontakte zu generieren. Erweitern Sie Ihr Netzwerk bei jeder Gelegenheit, denn Sie können nie wissen, wer Ihr Angebot einmal brauchen kann.

Presse- und Öffentlichkeitsarbeit

Mit einem Presseartikel gelangen Sie kostenfrei ins Auge der Öffentlichkeit. Wenn Sie eine „Story" zu berichten haben, die die Leser interessiert, greift das ein Redakteur gerne auf. Wichtig ist

also, dass Ihr Thema „berichtenswert“ ist. Das kann eine besondere Aktion zur Eröffnung sein, etwa eine Tombola für eine soziale Einrichtung oder auch wenn sonst etwas Spannendes zu erzählen ist. Seien Sie kreativ bei den Überlegungen, was das sein kann. Womit können Sie die Presse locken, über Sie zu berichten? Dies ist zwar eine der schwierigsten Aufgaben im Bereich des Marketings, für die man definitiv eine gehörige Portion Ausdauer benötigt. Redakteure freuen sich aber auch häufig, wenn sie nicht selbst ein Thema überlegen müssen und einen Vorschlag erhalten. Wenn Sie dann auch noch alles druckfertig vorbereitet haben, so wie sie es gerne hätten, wird es umso lieber genommen, da es kaum Arbeit bereitet.
Die Geduld, am Ball zu bleiben, zahlt sich meistens aus. Nehmen Sie sich selber einmal die Zeitungen zur Hand und prüfen Sie für sich selbst, worüber berichtet wird und was Sie interessant finden, vielleicht hilft es Ihnen beim Brainstorming. Was könnte Ihre Zielgruppe interessieren? Ein Bericht in der Presse hat oft mehr Wirksamkeit und Glaubhaftigkeit als eine gekaufte Anzeige.
Tipp: Platzieren Sie Ihre Pressemitteilungen, Fachartikel und Interviews auch bei Onlineportalen und -magazinen. So erhöhen Sie Ihren Bekanntheitsgrad, die Sichtbarkeit und Professionalität Ihrer Angebote – ohne etwas dafür zu bezahlen.

Als Aussteller auf Messen

Bei der Entscheidung, ob Sie das Geld als Aussteller in eine Messe investieren möchten, sollen Sie überlegen, mit welchem Ziel Sie das tun möchten im Verhältnis zum Aufwand. Auch das Einzugsgebiet einer Messe muss bedacht werden.
Wenn Sie in einer Nische unterwegs sind und alle Mitbewerber dabei sind, sollten Sie das auch sein.

Vorteil: Sie können mit Ihren Zielkunden direkt in Kontakt treten und für Aufmerksamkeit sorgen. Ihr Netzwerk wächst und Sie können zudem die Konkurrenz treffen, um mehr über diese in Erfahrung zu bringen.

Veranstaltungen besuchen – Networking

Eines vorweg, gerade am Anfang sollten Sie so oft wie möglich auf Veranstaltungen unterwegs sein. Verwerfen Sie die Frage, ob dort überhaupt Ihr zukünftiger Kunde anzutreffen ist. Erinnern Sie sich: Kontakte schaden nur dem, der keine hat und Empfehlungen erfolgen meistens um 2 bis 3 Ecken. Vielleicht treffen Sie ja auf interessante Kooperationspartner oder gute Netzwerkpartner? Nicht immer ist der konkrete Verkauf das eigentliche Ziel. Im Laufe der Zeit finden Sie heraus, welche Veranstaltungen zu Ihnen passen und welche nicht. Das kann neben einer Messe auch eine lokale Veranstaltung sein, Verbandstreffen, Stammtische oder einfach ein bunt durchmischt organisiertes Abendevent. Und warum nicht vielleicht auch selber etwas organisieren? Als ich gegründet habe, war es – man glaube es kaum – in Düsseldorf mau mit einem Netzwerk hauptberuflich selbstständiger Frauen, sodass ich mein eigenes gründen musste.

Tipp: Bevor Sie abendfüllende Veranstaltungen besuchen, schauen Sie auch unbedingt in Ihr vorhandenes Netzwerk, wer Sie bei welchen Themen unterstützen oder mit wem man sich verknüpfen kann.

Sponsoring

Unter Sponsoring versteht man das Geben von Geld oder eigener Leistung im Gegenzug zu Werbung in Form von Namensnennung oder Logoerscheinung. Wichtig hierbei ist, dass man Sie thematisch damit in Verbindung bringt und dass das unterstützte Projekt/Unternehmen/Einzelperson zu Ihrem Angebot passt. Als Betreiber eines Sportschuh-Ladens kann es beispielsweise sinnvoll sein, ein Laufevent zu sponsern. Weniger logisch wäre ein Sponsoring für eine Fastfood-Kette. Das wird eher negativ verwirren, als dass es potenzielle Kunden zum Kauf animiert.

Kleine Geschenke erhalten die Freundschaft

Es muss nicht immer das teure, edle Schreibset oder eine exklusive Geschenkidee sein. Haben Sie Mut zur Einfachheit. Setzen Sie von Anfang an auf klassische kleine Werbeartikel mit Mehrwert wie Kugelschreiber, Schlüsselanhänger oder Einkaufschips. Diese kann in der Regel jeder Kunde gut gebrauchen, es kommt ja auch immer auf den Anlass an. Versenden Sie doch einfach mal ganz überraschend Ostergrüße zusammen mit einem kleinen Werbepräsent und einem aktuellen Unternehmensaufkleber oder nutzen Sie Ihre ersten Visitenkarten, um diese mit einem Gruß an alle Geschäftskontakte zu versenden. Nicht sinnvoll ist ein wildes Verteilen und eine zu große, unüberschaubare Streuung von Werbeartikeln. Je gezielter sie verteilt werden, desto weniger Verluste machen Sie und desto größer wird die Resonanz sein.

Marketing für Mutige: der Elevator Pitch

Man nehme: 60 Sekunden, zwei oder auch mehrere Gesprächspartner und Ihre eigene überzeugende Geschäftsidee – fertig ist der sogenannte Elevator Pitch. Zumindest sehen so schon einmal die Rahmenbedingungen für die Kurzpräsentation Ihres Unternehmens aus. Denn wie der Name schon sagt, geht es bei einem Elevator Pitch darum, mögliche Kunden und Geschäftspartner während der Dauer einer Aufzugfahrt (also ca. 60 Sekunden) von Ihrer Idee zu überzeugen. Dabei geht es vor allem darum, mit der eigenen Story zu überraschen und sich dabei so interessant und gut wie möglich zu verkaufen.

Auch wenn der Aufzug (engl. elevator) Namensgeber diese Form des Pitchens (also der „Verkaufspräsentation“) ist, wird diese möglichst kreative Kurzvorstellung natürlich nur sehr selten auch wirklich im Aufzug vorgetragen. Stattdessen begegnen Sie als Existenzgründer und Unternehmer neuen Kontakten immer wieder auf den unterschiedlichsten Events oder auch auf Partys. Warum also bei der nächsten Messe, Abendveranstaltung oder einer anderen Einladung die Frage „Und was machen Sie so beruflich?“ nicht einfach mal anders beantworten?

Um auch wirklich in so kurzer Zeit das Interesse auf sich zu lenken, ist es wichtig, einige Punkte zu beachten:

Schon mit den ersten Worten überzeugen

Setzen Sie auf einen starken Einstieg und überraschen Sie Ihr Gegenüber bereits mit dem ersten Satz, z. B. indem Sie einen besonders bildhaften Vergleich für Ihre Unternehmung wählen. Hier geht es darum, mit Ihrer Story Spannung zu erzeugen. Verpacken Sie Ihre Geschäftsidee einfach in eine spannende, kurzweilige Geschichte, wählen Sie einen kreativen Vergleich etc. Schauen Sie sich im Internet auch ruhig einmal Videos von erfolgreichen Gründern/Unternehmern an und lassen Sie sich von den Stärken anderer inspirieren.

Bringen Sie es auf den Punkt

Diese Maxime ist besonders wichtig, denn schließlich haben Sie nur 60 Sekunden Zeit für Ihre Darstellung. Reden Sie nicht lange drum herum, sondern entscheiden Sie sich für die wichtigen und besonders interessanten Inhalte. Was macht Sie und Ihr Unternehmensangebot so besonders und was unterscheidet Sie von Wettbewerbern? Sprechen Sie Klartext, so als wollte man Ihnen ein neues Produkt „schmackhaft" machen.

Zeigen Sie Begeisterung

Brennen Sie für Ihre Geschäftsidee und Ihr Produkt und tragen Sie diese Begeisterung weiter. Denn gerade dann, wenn Sie besonders begeisternd von Ihrer Idee reden und andere damit überzeugen, dann ist diese Begeisterung auch ansteckend. Echte positive Gefühle erkennt Ihr Gegenüber und wird dadurch deutlich offener für Ihre Botschaft sein.

Bleiben Sie authentisch

Versuchen Sie nicht, eine Rolle zu spielen, sondern bleiben Sie bei der Vorstellung Sie selbst – auch wenn das vielleicht immer schwerer gesagt als getan ist. Wichtig ist in diesem Zusammenhang vor allem, dass Sie nicht einfach etwas auswendig Gelerntes vortragen, das wirkt monoton und langweilig. Versuchen Sie so natürlich wie möglich aufzutreten und halten Sie keinen Monolog. Auch auf die Reaktion Ihres Gesprächspartners sollten Sie eingehen. Sie „verkaufen“ neben der Geschäftsidee vor allem auch sich selbst, daher ist es gut, wenn Sie sich in Ihrer Haut absolut wohlfühlen. Das lässt Sie souverän und professionell erscheinen.

Fordern Sie zum Handeln auf

Sie haben Ihr Gegenüber mit Ihrer Story erreicht? Perfekt, dann gehen Sie nicht ohne Hinweis zu einem weiteren Austausch mit Ihnen aus dem Gespräch. Geben Sie Ihre Visitenkarte und Kontaktdaten weiter und sagen Sie, wann und wo man Sie am besten erreichen kann. Schließlich bietet Ihnen die „Aufzugpräsentation“ auch immer die Chance, neue Kunden an Ihr Unternehmen zu binden.

Wichtig: Übung macht den Meister! Dieses Sprichwort passt auf den Elevator Pitch besonders gut. Testen Sie Ihre 60-Sekunden-Vorstellung doch einfach mal mit Freunden oder Familienangehörigen und holen sich so bereits erste Tipps für eine mögliche Verbesserung.

Adressen kaufen

Es gibt viele Möglichkeiten, via Internet Kundenadressen – auch regional bezogen – zu kaufen. Hier ist jedoch zu bedenken, dass Sie dafür schon richtig viel investieren müssen, um eine lohnende Response zu erhalten. Zudem ist hier mit einem großen Streuverlust zu rechnen, da Sie die Adressaten nicht kennen und schwer einschätzen können.

Onlinemarketing

Onlinemarketing, auch Internetmarketing genannt, umfasst alle Marketingmaßnahmen, die online durchgeführt werden. Aus Erfahrung weiß ich: Kein anderer Bereich hat eine so große Bedeutung. Ich erwähnte bereits, dass das Internet freundlich zu Ihnen sein wird, wenn Sie es richtig anstellen.

Die Vorteile beim Onlinemarketing: Es ist schnell, effizient, messbar und somit optimierbar. Wenn Sie hingegen einen Flyer verteilen, kann es unter Umständen Jahre dauern, bis dieser „wirkt" und der Kunde reagiert. Sie kennen das vielleicht von sich selber. Wenn Sie etwas Interessantes entdecken, heben Sie den Flyer oder die Anzeige erst mal auf und melden sich, wenn überhaupt, später. Flyer, die Sie nicht interessieren, wandern meist direkt in den Papierkorb.

Website

Wichtig ist der erste gute Eindruck, dazu zählt auch Ihre Website und dass die Seite für Suchmaschinen optimiert eingerichtet und programmiert ist, damit sie gut gefunden werden kann (SEO – search engine optimizing). Das gelingt eher weniger über sogenannte vorgegebene Baukästen, wie sie von einigen Anbietern günstig oder sogar kostenfrei zu haben sind. Vorsicht bei dem Wort „kostenfrei". Oft wird auf der Seite dafür Werbung geschaltet, die den Besucher stören wird.
Farbwelt, ansprechende Fotos, Stil und die Kommunikation (sprich Text) sollten Ihre Zielgruppe „ansprechen". Die wichtigsten Informationen müssen schnell gefunden werden können. Überfrachten Sie die Seite nicht und konzentrieren Sie sich auf das Wesentliche und Wichtige für Ihre Kunden. Auch Kundenstimmen oder Bewertungen lesen Ihre zukünftigen Kunden gerne auf Ihrer Seite, da es der Orientierung dient. Wenn Ihr Angebot direkt im Zusammenhang mit Ihnen steht, möchte der Leser auch etwas über Sie erfahren.

Dazu gehört, was Sie bisher gemacht haben und warum Sie genau das anbieten, was Sie anbieten. Erklären Sie alles so, dass Ihr zukünftiger Kunde es versteht. Niemand fühlt sich gut aufgehoben, wenn er nichts versteht. Der Besucher einer Website möchte abgeholt werden. Kontaktdaten, Öffnungszeiten und ggf. Anfahrt und Parkmöglichkeiten zu erklären sollte selbstverständlich sein. Nicht aus dem Blick lassen darf man hierbei gesetzliche Vorgaben, beispielsweise die Impressumspflicht und die Datenschutzverordnung.

Ja, damit verbunden sind Ausgaben, die sich aber auszahlen, wenn Sie es von Anfang an richtig machen. Fragen Sie Ihr Umfeld nach Empfehlungen für Webdesigner und Texter und führen Sie mehrere vergleichende Gespräche. Achten Sie auch auf Referenzen und hören Sie auf Ihr Bauchgefühl. Können Sie zusammenarbeiten? Versteht Sie Ihr Gegenüber? Hinweis: Websiteerstellung ist ein hart umkämpfter Markt, auf dem nicht nur Profis unterwegs sind. An Kosten ist am Anfang, je nach Umfang, zwischen 1000 und 3000 Euro zu rechnen. Der Preis ist abhängig vom Gesamtpaket, etwa ob auch ein Logo und sonstige Design- und Textleistungen „eingekauft" werden.

Wenn eine Website einmal professionell am Start ist, ist damit leider noch nicht alles getan. Für die Suchmaschinen ist es nämlich wichtig, hin und wieder einen neuen News- oder Blogbeitrag einzufügen. Nicht nur das Internet mag das, sondern auch der Nutzer, der hierdurch einen Mehrwert erhält. Das kann ein bestimmtes Thema sein, zu dem Sie sich äußern, Neuigkeiten oder Tipps.

Persönlicher Tipp: Mein Newsletter, in dem Sie regelmäßig zu aktuellen Themen rund um Gründung, Selbstständigkeit und Marketing versorgt werden ☺ www.1a-STARTUP.de/newsletter.

Werbung mit Google™

Natürlich mag Google™ die Menschen besonders, die auch Google™ Produkte nutzen. Also sind ein paar Dinge für Sie Pflichtprogramm. Tragen Sie Ihr Unternehmen bei Google™ „My Business" ein. Hier können Sie auch die Website und ein paar Infos veröffentlichen, mit denen Sie gefunden werden möchten. Nach der Verifizierung durch Google™ erhalten Sie ein Fähnchen auf der Landkarte „Google™ maps". Das ist Ihnen sicher schon bei anderen aufgefallen. Diesen Karteneintrag erhalten Sie auf diesem Wege. Dazu besteht dann die Möglichkeit, Ihr Unternehmen bei Google™ mit Sternen und Text zu bewerten. YouTube gehört auch zu Google™ und ist eine eigene kleine Suchmaschine. Wie bei allem, was Sie raus in die Welt tragen, sollten Sie es nur dann nutzen, wenn es zu Ihrem guten Eindruck beiträgt.

Bezahlte Werbung mit Google™ ist über Google™ ads auch möglich. Das sind die Anzeigen, die in der Suchmaschine ganz oben, seitlich oder unten – als Anzeige gekennzeichnet – auftauchen. Damit können Sie sich von Anfang an auf die ersten Positionen katapultieren, was teilweise auch schon mit kleinem Budget möglich ist. Eine Anzeige kann z. B. so für die gewünschte Region geschaltet werden, dass nur jeder Klick auf Ihre Anzeige Geld kostet, also nur, wenn es den Nutzer wirklich interessiert, was Sie mit der Anzeige anbieten. Je nachdem, für welches sogenannte Keyword Sie gefunden werden möchten, kann ein Klick bis zu mehrere Euro Kosten. Das ist abhängig davon, wie stark der Markt umkämpft ist und andere Mitbewerber bereit sind, dafür zu zahlen. Vorsicht: Hier kann viel Geld verpulvert werden, wenn Sie die Anzeigen einfach laufen lassen. Eine regelmäßige Justierung und Änderung ist wünschenswert. Google™ kann hierfür kostenfrei zur Beratung angerufen werden, aber Achtung – nicht alles was dort geraten wird, brauchen Sie wirklich. Ich rate, genau zu hinterfragen, wachsam zu sein und gerade am Anfang auszuprobieren, was die größte Resonanz bringt.

Werbung mit Newsletter

Wenn Sie auf Ihrer Homepage regelmäßig News, einen Blog, Angebote oder Aktionen veröffentlichen, warum dann nicht per Social Media Post darauf aufmerksam machen. Das muss nicht jede Woche sein, je nach Business. Der Vorteil: Sie bleiben in Erinnerung, können Klicks auf Ihre Seite generieren und neue Kunden gewinnen. Achtung: Einen Newsletter dürfen Sie nur an die Personen senden, die diesen auch freiwillig bei Ihnen abonniert haben. Hier sollten Sie unbedingt auf das Einverständnis achten, da es sonst zu Abmahnungen kommen kann.

Social Media-Marketing

Bei vielen Unternehmern löst die Vorstellung, auf Facebook sein zu müssen, Angstschweiß und eine völlige Abwehrhaltung aus. Angst muss man in keinem Fall davor haben und in den meisten Fällen kommen Sie einfach nicht Drumherum, diese moderne und effektive Form des Empfehlungsmarketings zu nutzen. Lassen Sie sich diese Möglichkeit des Marketings auf keinen Fall entgehen, dafür bieten Facebook und viele weitere Social-Media-Kanäle einfach unfassbar viel Potential, Ihre Kunden direkt zu erreichen. Ihnen in dem Maße auf der Straße zu begegnen, wird eher schwieriger in der Summe. Auch bei Facebook können Sie, abgestimmt auf die gewünschte Zielgruppe, Werbeanzeigen schalten, die Kunden z. B. auf Ihre Homepage oder sogar bis hin zum direkten Verkauf lenken. Social Media-Portale wie Facebook zu nutzen, macht aber nur Sinn, wenn Sie diese mit Leben füllen. Eine tote Facebook-Fanseite ist noch schlimmer als gar keine zu haben. Letztendlich bleibt es ja Ihnen überlassen, was über Sie im Netz zu finden ist. Besser Sie bestimmen und veröffentlichen etwas Gutes, als wenn das ein anderer für Sie übernimmt. Sicher ist Facebook auch kein Allheilmittel, jedoch gehört es für viele Menschen zum Marketing-Blumenstrauß als tolle Blüte, nicht als Blattwerk, dazu.

Das Influencer Marketing, das in den letzten Jahren unfassbar an Bedeutung (für fast alle Zielgruppen) gewonnen hat, möchte ich nicht unerwähnt lassen. Influencer-Marketing hat das Stadium des Experimentierens hinter sich gelassen und ist ein fester Bestandteil des Marketings geworden. Darunter versteht man, dass eine Person, die in der Öffentlichkeit viel Aufmerksamkeit durch sogenannte Follower genießt, seinen Fans ein Produkt auf der eigenen Plattform empfiehlt. Diesem Ruf folgen i. d. R. viele Fans. Viele Blogger, Instagrammer und YouTuber leben mittlerweile davon. Doch Vorsicht: Nicht für jede Zielgruppe ist diese Art von Marketing geeignet und Sie müssen auch erst den richtigen Influencer finden und von sich überzeugen.

Xing ist vor allem für DACH-weites (Deutschland, Österreich, Schweiz) Netzwerken interessant und mehr als nur ein Portal für

Menschen, die auf Jobsuche sind. Auch hier können Sie die Kraft des Netzwerkens nutzen und sich mit Menschen, mit denen Sie im echten Leben verbunden sind, verknüpfen. Sie werden überrascht sein, wie schnell sich Ihr Netzwerk vergrößert. Dazu gibt es noch weitere hilfreiche internationale Marketingportale wie Instagram, Twitter, Pinterest und Linkedin. Welches für Sie wichtig ist, hängt von Ihren Produkten und Kunden ab. Egal, was Sie nutzen – der Mehrwert für den Kunden sollte immer im Vordergrund stehen.

Wenn Sie jetzt sagen: Meine Konkurrenz ist online gar nicht aktiv, das brauche ich auch nicht ... Gegenfrage: Warum nutzen Sie nicht einfach diesen Vorsprung? Vielleicht ist genau das Ihr persönlicher Vorteil gegenüber Mitbewerbern?

LinkedIn und YouTube

Experten gehen davon aus, dass Plattformen wie z. B. Facebook im Businessbereich in den kommenden Jahren in ihrer Relevanz von LinkedIn abgelöst werden. Hier bietet sich die Möglichkeit, auf rein professioneller Ebene Kontakte und eine Community aufzubauen und die eigene Marke bekannter zu machen. Im Prinzip ist LinkedIn so etwas wie eine Business-Suchmaschine, die gegenüber anderen Suchmaschinen konkretere Treffer für das eigene Business liefert.

Auch YouTube mit seinen vielen Möglichkeiten, per Video mit seiner Community zu kommunizieren, wird immer wichtiger im Marketing-Mix. Kunden möchten Informationen heute interaktiv und unterhaltsam präsentiert bekommen und das in kurzer Zeit. Videos lassen sich quasi jederzeit auf dem Handy anschauen und erreichen damit die eigene Zielgruppe fast rund um die Uhr.

Direktmarketing

Direktmarketing, auch Direktvermarktung genannt, bezeichnet jede Marketingmaßnahme, die den Kunden mit einer Aufforderung zur Antwort a la „ruf mich an“ direkt anspricht. Im Gegensatz zur Massenwerbung, beispielsweise über TV-Spots, hat Direktmarketing eine viel höhere Quote, die Zielgruppe zu treffen, da sie entweder personifiziert oder direkt zugestellt wird, ähnlich wie die Werbebriefe im Versandhandel, SMS oder Telefonanrufe. Aber Vorsicht, hier gibt es ganz strenge rechtliche Regeln und Vorschriften, die beachtet werden müssen. Auch bei der Kalt- und beliebten (ein Scherz) Telefonakquise darf nicht einfach „wahllos" zum Hörer gegriffen werden, wenn Sie Menschen kontaktieren möchten. Und zur Beruhigung: Telefon-Kaltakquise ist aus meiner Sicht auch nicht das Wichtigste, was Sie als Gründer können müssen. Erfahrungsgemäß hat man in der Startphase eigentlich schon genug an Kontakten und Netzwerk im Hintergrund, was einem nur wieder bewusst werden muss, um es zu aktivieren.

Im Rahmen der Planung einer Direktmarketing-Kampagne gibt es ein Gerüst, an dem man sich orientieren kann. Acht Schritte für die Planung:

1. IST-Analyse

- Wo steht mein Unternehmen?
- Welchen Marktanteil habe ich?
- Was kann ich bieten?
- Was brauchen/suchen meine Kunden?
- Was bietet der Wettbewerb?
- Wie komme ich an neue E-Mail-Adressen?

2. Zielfestlegung

- Zielinhalt: Was soll mit der Kampagne erreicht werden? Wer soll in welchem Zeitraum angesprochen werden?
- Zielgruppe: Wer soll konkret erreicht werden?
- Zielerreichung: Was soll erreicht werden? (Absatz? Gewinn? etc.)
- Zielmarkt: Auf welchem Markt möchten Sie aktiv werden?
- Zielbudget: Welches Budget mit welchen Ressourcen setze ich ein?

3. Strategiebestimmung

- Marktentwicklungsstrategie
- Marktdurchdringungsstrategie (auch Penetrationsstrategie)
- Produktentwicklungsstrategie
- (Diversifikationsstrategie)

4. Kommunikationsplanung

- Einstufige oder mehrstufige Kampagne
- Ablaufplan der Kommunikation

5. Realisationsplanung (Grobplanung)

- Grobe Planung des Ablaufs, z. B. Einholung von Angeboten, Auftragserteilung, Adressbestellung, Druckfreigabe, Adresskauf, Lettershop, Posteingang beim Kunden, Response, E-Mail-Adressen generieren

6. Terminplanung (Feinplanung)

- Ablaufplan, Terminierung der einzelnen Schritte zur Realisationsplanung

7. Budgetplanung

- Kostenaufstellung

8. Kontrolle

- Responsequote = Reaktionen : Aussendungen
- Cost per interest (CPI) = Gesamtkosten : Interessenten
- Cost per order (CPO) = Gesamtkosten : Aufträge
- Break-even Point (BEP) = Werbekosten, Stückkosten, Deckungsbeitrag pro Auftrag

Direktmarketing kann sehr vielfältig sein und ist „ein Kapitel" für sich, daher an dieser Stelle erst einmal so viel dazu.

Authentizität und Kontinuität

Bei allem Fleiß nützt es nichts, wenn Sie sich mit Ihrem gesamten Marketing selbst nicht treu bleiben. Marketing wirkt am besten, wenn der Kunde spürt, das ist wortwörtlich echt und das kostet Sie quasi nichts. Und wenn es erst einmal richtig gut läuft, wäre es fatal, sich auf den Lorbeeren auszuruhen. Marketing ist ein andauernder Prozess, der immer wieder an die neuen Gegebenheiten angepasst werden sollte. Marketing bedeutet auch Marktbeobachtung und die eigenen Leistungen immer wieder besser an die Bedürfnisse der Kunden anzupassen.

Controlling der Marketingmaßnahmen

Nicht ganz einfach, wie bereits an verschiedenen Stellen erwähnt, lässt sich der Erfolg von Marketingmaßnahmen nicht immer ganz einfach messen. Versuchen Sie in Ihre Maßnahmen etwas einzubinden, was sich im Nachgang als Erfolg überprüfen lässt. Das kann ein Code oder ein Stichwort sein oder tatsächliche Klickraten auf Ihrer Website. Meine Firmenschilder sind z. B. sehr gut zu erkennen und es gibt tatsächlich Kunden, die mir sagen, dass sie es immer sehen, wenn sie dort langfahren. Oder kürzlich sagte ein Kunde, dass er meine Facebook-Beiträge immer wahrnimmt und liest. Auf diese Weise kann man einen guten Eindruck davon bekommen, was tatsächlich beim Kunden ankommt und was eher verpufft.

3.6 DER EINKAUF

Wenn Sie für Ihr Unternehmen regelmäßig Ware beziehen, entweder um genau diese zu verkaufen oder daraus etwas zu produzieren, kann durch die Auswahl des richtigen Zulieferers auch schon mit der Marge bzw. einer guten Verhandlung der Einkaufspreise am Gewinn gearbeitet werden. Wichtig: Vergleichen Sie immer Preise und Bedingungen und verhandeln Sie! In vielen Köpfen existiert die Denkweise, dass der Preis ruhig angemessen hoch sein kann, da Sie ja als Selbstständiger alles absetzen können.

Dass dafür aber auch die liquiden Mittel vorhanden sein müssen, interessiert oft nicht. Es geht an Ihr Portemonnaie, daher gilt: Nur sprechenden Menschen kann geholfen werden und wer nicht fragt, bekommt garantiert keinen besseren Preis.

Ist die Aufstellung für den Einkauf sehr umfangreich, bietet sich eine umfassende Zusammenstellung als Anlage zum Businessplan an. Wenn Sie die Tabelle direkt so gestalten, dass Sie damit täglich arbeiten können (falls Sie kein Warenwirtschaftssystem benutzen), umso besser. Denken Sie bei einer eigenen Tabelle daran, von Beginn an die Spalten Netto, Brutto, MwSt. einzufügen, denn diese Berechnungen sind für den Kapitalbedarf und die Liquiditätsberechnung wichtig.

4. MARKT, STANDORT UND WETTBEWERB

Analysieren Sie anhand der Markt- und Wettbewerbssituation, welchen Herausforderungen Sie sich mit Ihrem Angebot stellen.

Markt

Wie stellt sich der Markt/die Branche, die Sie anbieten möchten, für Ihr Produkt/Ihre Dienstleistung dar?

Diesen Fragen sollten Sie sich zu Ihrer Marktdefinition stellen:

- Um welche Branche (welchen Markt) handelt es sich? Wie groß ist der Markt?
- Welche Faktoren beeinflussen die Entwicklung des Markts?
- Vor welchen Herausforderungen steht die Branche/sind Trends absehbar?
- Wie hat sich der für Sie relevante Markt in der Vergangenheit entwickelt? Welche zukünftige Entwicklung ist absehbar?
- Welchen Marktanteil streben Sie an? Was ist realistisch?

Diese externen Quellen können bei der Marktanalyse unterstützen:

- Relevante Internetportale
- Tageszeitung/Rundfunk/Fernsehen
- Adressbücher, Gelbe Seiten
- Datenbanken (IHK, Statista etc.)
- Fachverbände, Organisationen, Wirtschaftskammern
- Fachzeitschriften/-Bücher
- Studien
- Marktforschungsinstitute und ihre Publikationen
- Betriebsvergleiche
- Unternehmer (Geschäftspartner, Mitbewerber)
- Banken und Sparkassen (haben für vieles sog. Branchenbriefe)
- Eigene Umfragen, Erhebungen, Tests
- Messen/Ausstellungen
- Messekataloge, Prospekte
- Ämter bei Bund, Ländern und Kommunen

Wenn Sie erst einmal generell anfangen, sich mit Ihrem Vorhaben intensiv zu beschäftigen, fallen Ihnen wortwörtlich viele Dinge fast schon automatisch vor die Füße.

Standort

In diesem Punkt Ihres Businessplans beschreiben Sie den Standort, an dem Sie Ihren Firmensitz haben werden. Arbeiten Sie vom Homeoffice aus, erwähnen Sie hier nur die Bedeutung der Stadt, in der Sie gründen und deren Relevanz für Ihr Business.

Ansonsten gehört in diesen Abschnitt:

- Wie ist der Standort zu betrachten, an dem Sie gründen wollen?

- Welche Vorteile hat der Standort, z. B. logistisch (zum Zulieferer, zum Absatzort ...), Mietpreise, Kaufkundschaft, Zentralität, infrastrukturelle Anbindung, Sprache etc.
- Muss der Ort der Gründung besondere Anforderungen erfüllen, etwa Erreichbarkeit für Kunden, Lieferzone, Verkehrsanbindung etc. Wie werden diese erfüllt?
- Oder aber ist der Ort aufgrund des Geschäftsmodells gar nicht so relevant für Sie?

Wettbewerb

Gegen welche Konkurrenz treten Sie an? Wer sind Ihre Wettbewerber und wie treten diese am Markt auf? Über welche Wege erreichen sie ihre Kunden?

Wie genau möchten Sie sich demnach mit Ihrem Angebot mit einem Alleinstellungsmerkmal bei Ihrer Zielgruppe positionieren?

Wie erfolgreich sind Ihre Wettbewerber aktuell? Machen Sie eine Liste Ihrer wichtigsten Mitbewerber und vergleichen Sie relevante Punkte, angefangen von der Homepage bis zum Bestellprozess. Notieren Sie die Namen Ihrer Konkurrenz und Dinge, die Ihnen gut gefallen und Dinge, wo Sie klar in Vorteil liegen.

Fragestellungen zum Wettbewerb, die Sie durchleuchten sollten:

- Wie viele Anbieter gibt es derzeit insgesamt?
- Nach welchen Kriterien lassen sich die Wettbewerber in Gruppen einteilen? Welche Merkmale kennzeichnen diese?
- Welche sind die wichtigsten Mitbewerber? Welche zählen zu den direkten Wettbewerbern und welche haben Vorbildcharakter?
- Wie positionieren sich Ihre Wettbewerber? Welche Strategien verfolgen sie? Welche Marketing- und Vertriebsinstrumente nutzen sie?

- Wie profitabel sind die Wettbewerber? Wie hoch ist deren Auslastung?
- Was können Ihre Konkurrenten besonders gut? Was sind Ihre Schwächen?
- Ist mit einer Reaktion der Wettbewerber auf Ihren Markteintritt zu rechnen? Wenn ja, mit welcher und wie möchten Sie das nutzen bzw. darauf reagieren?

Mein Fazit zum Wettbewerb:

Bloß nicht entmutigen lassen, wenn Sie zu dem Fazit kommen: Oh Gott, das schaffe ich nie. Alle anderen kochen auch nur mit Wasser und haben ihre eigenen Problemchen, das hat mir schon meine Mutter beigebracht. Nicht alles lässt sich immer nachschlagen oder nachlesen. Wenn Sie anfangen, sich mit dem Thema auseinander zu setzen, verspreche ich Ihnen, dass Sie ein ganz eigenes Gefühl für das Thema Wettbewerb bekommen und die Mechanismen verstehen. Wenn ich Ihnen die Namen drei bekannter Drogerieketten sage und frage, welches ist die erfolgreichste? Dann wüssten Sie auch sofort ohne genaue Zahlen, wer das ist. Will sagen: Recherchieren Sie so genau wie möglich, aber denken Sie in manchen Punkten auch einfach logisch mit gesundem Menschenverstand.

5. PLANUNG DER RÄUMLICHKEITEN UND TECHNISCHEN AUSSTATTUNG

Dieses Kapitel beschäftigt sich mit Ihren Geschäftsräumen und deren Ausstattung.

Räumlichkeiten

- Welche Räumlichkeiten benötigen Sie (Büro, Laden, Werkstatt, Lager etc.)?
- Wie groß sollen sie sein?

- Soll eine spätere Erweiterung möglich sein?
- Müssen baurechtliche Voraussetzungen geklärt werden?
- Gibt es durch gesetzliche Bestimmungen besondere Anforderungen, die eingehalten werden müssen?
- Können Sie von daheim arbeiten oder werden Sie separate Räumlichkeiten für Ihr Unternehmen benötigen?
- Falls Räume gemietet werden: Wie hoch ist die Miete? Welche Dauer soll der Mietvertrag haben?

Tipp: Auch hier gilt es, zu fragen und zu verhandeln. Häufig sind Vereinbarungen möglich, wie eine gewisse mietfreie Zeit, wenn dafür die Fläche auf eigene Rechnung renoviert wird. Auch bei der Dauer des Vertrages lassen Vermieter oft mit sich reden, wenn Sie Sorge haben, direkt einen langfristigen Vertrag zu unterschreiben. Wenn Sie eine Finanzierung von einer Bank benötigen, erwartet diese einen festen Mietvertrag mit einer Dauer von i. d. R. mindestens 3 bis 5 Jahren, je nach Kredit. Damit soll sozusagen sichergestellt werden, dass die Voraussetzungen gegeben sind, die Verbindlichkeiten auch praktisch zurückzahlen zu können.

Technische Ausstattung

- Welche Materialien, Maschinen, Fahrzeuge, Einrichtungen benötigen Sie zum Start für einen reibungslosen Betriebsablauf und dann auch laufend?
- Was benötigen Sie in jedem Fall zum Betriebsbeginn?
- Was kann mittelfristig angeschafft werden – vielleicht sogar aus den zu erwartenden Umsätzen?
- Welche technische Ausstattung und Infrastruktur setzen Sie ein?
- Wer stellt sicher, dass immer alles „läuft“?

Tipp: Wenn Sie technisch unsicher sind, lassen Sie besser direkt einen ITler ran, der den Computer, das Telefon und die ganze Infrastruktur optimal auf Sie abgestimmt einrichtet. Ich selbst z. B.

erhalte auf meinem Handy eine E-Mail aus dem Büro, wenn ich unterwegs bin und ein Anruf eingegangen ist. Das ist sehr praktisch und lässt mir den Freiraum, den ich mir für meine Selbstständigkeit gewünscht habe.

Damit steht sie: die erste Säule Ihres Businessplans, auf der die Planzahlen aufgebaut sind.

Während des Schreibens schon und ab jetzt noch intensiver, setzen Sie sich bitte mit Ihren Kalkulationen und Planzahlen auseinander. Das Ergebnis aller Berechnungen wird hier im schriftlichen Textteil zum Nachvollziehen Ihrer Annahmen erläutert.

Wenn Sie im Textteil alles genau ausgearbeitet haben, sollten Ihnen keine Informationen (Zahlen, Daten, Fakten) für die Erstellung der Planungsrechnung fehlen.

Im Textteil in den folgenden Kapiteln werden die Ergebnisse der Tabellen der Planungsrechnung erläutert.

6. PLANUNGSRECHNUNG

Der Businessplan schließt meistens mit der Finanzkalkulation und Planung ab. Die Basis dafür haben Sie nun an dieser Stelle geschaffen. Sie wissen, welche Ausgaben, z. B. für das Marketing, wann einzuplanen sind.

Die Planungstabellen, die Sie nun im schriftlichen Teil erläutern, werden auch als Anlage beifügt. Die Planungsrechnung, insbesondere die Liquiditätsplanung, wird üblicherweise für 3 Jahre aufgestellt.

Das ist für viele Gründer der schwierigste Teil, da sie in die berühmte Glaskugel schauen müssen, wie sich Ihr Vorhaben wohl entwickeln wird. Aber keine Scheu – nur aller Anfang ist schwer – versprochen! Vertrauen Sie sich und Ihrer Planung und den Gedanken, die Sie sich in den vorherigen Kapiteln ausführlich gemacht haben.

Die Planungsrechnung besteht aus folgenden Bereichen:

- Kapitalbedarf und Finanzierungsplanung: Wie viel Geld benötigen Sie für die Gründung?
- Liquiditäts- und Umsatzplanung: Wie viel Umsatz machen Sie?
- Rentabilitätsplanung: Wie viel Gewinn machen Sie?

Diese Punkte sind mindestens zu berechnen, abweichend davon können weitere Berechnungen hinzukommen, die abhängig sind von Ihrem Vorhaben, etwa Margen, Mindestabnahmen oder Preiskalkulationen.

6.1 ERMITTLUNG DES KAPITALBEDARFS

Wie viel Geld benötige ich überhaupt und wie bleibe ich liquide? In diesem Kapitel geht es um den Kapitalbedarf, den Sie zur Umsetzung Ihrer Geschäftsidee benötigen und um die Finanzierung – also: Woher kommt das Geld, das Sie benötigen?

Häufig scheitern Gründungen, weil der Kapitalbedarf unterschätzt wurde und die Finanzierung der Lücke vorher nicht geklärt war. Auch wenn Sie jetzt denken, ich brauche gar kein Kapital oder einen Kredit, kann das ein fataler Fehler Ihrer Planung sein. Wenn Sie die monatlichen Geldabflüsse und Zugänge fahrlässig kalkulieren, kann sehr wohl ein Kapitalbedarf entstehen. Dass das Geld ausgeht, ist der häufigste Scheitergrund. Also muss in der Liquiditätsplanung genau überlegt werden, wann geht Geld raus, wann kann welches reinkommen, um einen eventuellen Kapitalbedarf für die „Kasse“ festzustellen.

Aber fangen wir erst einmal ganz vorne an.

Stellen Sie bitte genauestens Ihre Investitionen und Gründungskosten, die einmalig am Anfang entstehen, zusammen.

Die einmaligen Kosten der Gründung/Übernahme können sein:

- Was sind Ihre größten Investitionen? Wozu benötigen Sie sie?
- Welche Anschaffungen tätigen Sie neu, was ist bereits vorhanden?
- Ein Puffer für Ihre Liquidität als sogenannter Betriebsmittelbedarf für die Anlaufphase. Also für die Zeit, wenn am Anfang zu wenig Geld in die Kasse kommt, um die anfallenden Kosten zu tragen, was ganz normal ist.

Berücksichtigen Sie, dass Sie in der Anlaufphase möglicherweise Ihre Lebenshaltungskosten noch nicht aus dem Geschäftsergebnis erwirtschaften werden.

Erklären Sie unbedingt die größten Positionen Ihres Kapitalbedarfes.

Die monatlichen Ausgaben, die mit Start der Gründung regelmäßig oder unregelmäßig zu bestreiten sind, gehören in die Liquiditätsplanung – hier geht es wirklich nur um die einmaligen Kosten am Anfang.

Dem gegenüber steht, wie der ermittelte Kapitalbedarf finanziert werden soll. Haben Sie Eigenkapital, welches Sie in die Gründung einbringen können, kann das eine solide Startbasis bilden.

Nutzen Sie eine Finanzierung, z. B. das KfW-Startgeld, führen Sie bitte auf, mit welchen Konditionen Sie kalkuliert haben. Unter Punkt 14 wird das Thema Finanzierung noch einmal genauer durchleuchtet.
Der Kapitalbedarf kann final erst nach der Liquiditätsplanung bestimmt werden, da Sie dann erst wissen, ob Sie noch Geld für Ihre Liquidität einplanen müssen.

Mögliche einmalige Kosten am Anfang:

- Anmeldung, Formalitäten
- Beratung, Anwalt, Notar

- Anschaffungen
- Erster Warenbestand
- Anfängliches Marketing zum Start
- Homepage, Logo, Geschäftsausstattung
- Auto, Maschinen, Einrichtung

6.2 LIQUIDITÄTS- UND UMSATZPLANUNG

Was ist der Unterschied zwischen der Liquiditätsplanung und der Rentabilitätsplanung?

Die Liquiditätsplanung ist sozusagen Ihre Kassenlade und diese sollte jederzeit so gefüllt sein, dass Sie Ihren regelmäßigen Verbindlichkeiten nachkommen können und zahlungsfähig sind. In dieser Berechnung ist daher auch Ihre sogenannte monatliche Privatentnahme zum Leben enthalten (oder je nach Rechtsform das Geschäftsführergehalt). Also egal, in welcher Höhe Sie Geld entnehmen, Sie können damit nicht den zu versteuernden Gewinn schmälern.

Die Rentabilitätsplanung sagt aus, wie viel Gewinn Ihr Unternehmen erwirtschaftet hat. Hier fehlt also „Ihr Gehalt", denn hier geht es nur um die reinen Einnahmen und Ausgaben, die das Unternehmen erwirtschaftet hat.
Die Hauptursache für eine Insolvenz in den ersten 5 (kritischen) Jahren sind Liquiditätsschwierigkeiten. Das bedeutet, dem Unternehmen ist das Geld ausgegangen, auch wenn gar kein Kredit in Anspruch genommen wurde, sondern nur weil die Liquiditätsplanung nicht aufgegangen ist. Die Planung soll Ihnen dabei helfen, dass das nicht passiert und dass Sie Ihre monatliche Zahlungsfähigkeit von Anfang an sichern.

Sollten Sie in der Monatsplanung feststellen, dass die Eingänge am Anfang nicht ausreichen, haben Sie einen sogenannten Betriebsmittelbedarf, den Sie entweder mit Eigenkapital ausgleichen, mit einer Finanzierung oder in einem Notfall auch mit einem sogenannten Kontokorrentrahmen auf dem Geschäftskonto (nur im Notfall, da die Zinsen hierfür teuer sind). Kontokorrent ist eine eingeräumte Überziehungsmöglichkeit auf dem Girokonto, die bei Privatpersonen Dispokredit genannt wird.

Am einfachsten beginnen Sie, indem Sie mit den monatlichen Ausgaben und Kosten beginnen, die Sie bereits kennen, die also feststehen. Das kann z. B. sein: Steuerberatung, Büromittel, laufendes Marketingbudget, Hosting, Kontogebühren etc.
Zur Sicherheit noch einmal, da sich mit diesen Begrifflichkeiten häufig schwergetan wird. Hier geht es um die monatliche Gegenüberstellung der geplanten/zu erwartenden Einnahmen und Ausgaben – das Geld in der „Kasse". Ihre Steuern, die Sie zahlen müssen, werden auf den Gewinn, die Rentabilität berechnet. Ein plakatives Beispiel: Wenn sich der Geschäftsinhaber am Tagesende das Geld, das in der Kasse eingenommen wird, für sich zum Ausgeben herausnimmt, kann das langfristig fatale Folgen haben. Von diesem Inhalt der Kasse müssen nämlich die Steuern, die das Finanzamt auf die Einnahmen berechnen wird, beglichen werden.

Meine Faustformel zur sicheren Planung: Legen Sie von einem Euro, den Sie einnehmen, einen halben auf die Seite auf ein separates Konto, um nicht dem häufigsten Scheitergrund zu verfallen, wenn das Finanzamt anklopft und Sie nicht zahlungsfähig sind. Im ersten Jahr wird das noch gutgehen. Wenn dann aber im 2. oder 3. Jahr das Finanzamt eine vierteljährliche Vorauszahlung auf den zu erwartenden Gewinn haben möchte, sollten Sie darauf vorbereitet sein und von Beginn an „sparen".
Nochmal deutlich von mir: Steuern zahlen ist klasse und ein gutes Zeichen, denn dann sind Sie erfolgreich.

Im Text zur Aufstellung gehen Sie auf die größten und besonderen Posten ein.

Gedanken und Überlegungen:

- Mit welchen fixen (also regelmäßig gleichen) Kosten rechnen Sie? Was sind die größten Posten? Warum sind sie in diesem Umfang erforderlich (z. B. Miete, Personal, Privatentnahme/GF-Gehalt)? Versuchen Sie, die Fixkosten am Anfang so gering wie möglich zu halten, denn alles muss erst einmal „verdient" werden.
- Welche variablen Ausgaben fallen unregelmäßig an, beispielsweise Versicherungen (geschäftlich – nicht privat!). Praktisch ist, wenn diese Ausgaben angemessen an den Umsatz angepasst werden können wie z. B. laufende Marketingkosten und Weiterbildung.
- Wann müssen Sie Lieferanten bezahlen?
- Wann fallen Zinszahlungen und Tilgungsbeträge für Kredite an (geschäftlich – nicht privat)?
- Gibt es saisonale Schwankungen, die berücksichtigt werden müssen?
- Wann verbuchen Sie vermutlich erste Eingänge oder bezahlen Ihre Kunden Rechnungen?
- Wie viel müssen Sie verdienen, um Ihre Lebenshaltungskosten und übrigen Ausgaben zu decken?
- Welche Annahmen liegen Ihrer Umsatzplanung zugrunde?
- Führen Sie unterschiedliche Geschäftszweige separat auf, z. B. Handel, Dienstleistung.
- Beachten Sie Ihre betrieblichen Kapazitäten, mit denen Sie Ihr Produkt produzieren oder die Dienstleistung erbringen können!
- Wie entwickelt sich Ihr Geschäft nach der Startphase und warum?
- Ist Ihre Liquidität zu jedem Zeitpunkt gesichert?
- Was sind die wichtigsten Parameter („Stellschrauben") für Ihren Unternehmenserfolg?
- Was geschieht mit Ihrem Ergebnis, wenn sich diese Parameter positiv oder negativ verändern?

- Welches ist das beste Szenario, das Sie sich realistischerweise vorstellen können (Best Case)?
- Welche Annahmen wurden warum getroffen, um auf diese Umsatzaussichten zu kommen?
- Welches Szenario können Sie sich im schlimmsten Fall vorstellen (Worst Case)?
- Welche eigenen Reserven können Sie einbringen, wenn das Geld knapp wird?
- Benötigen Sie nach dieser Planung einen Kontokorrentkredit oder eine Finanzierung?

ACHTUNG: Denken Sie daran, dass Sie regelmäßig (monatlich/pro Quartal) die Umsatzsteuer an das Finanzamt abführen müssen und das Geld hierzu in der Kasse bleiben muss (s. Kapitel 10 Punkt 10.6 Steuern).

Versuchen Sie, wirklich alle Kosten gut zu kalkulieren oder Angebote einzuholen, damit Sie gut vorbereitet planen können. Lieber im Zweifel einen Kredit beantragen, als dass Ihnen finanziell die Puste ausgeht.

Umsatzkalkulation

Umsatz bzw. Umsatzerlöse sind die kumulierten Verkaufserlöse der Produkte oder Dienstleistungen eines Unternehmens. Erlösschmälerungen wie z. B. Rabatte, Boni oder Skonti werden vom Umsatz abgezogen. Die Umsatzsteuer fließt nicht mit ein — es handelt sich immer um den Nettoumsatz, mit dem Sie rechnen. Analog zu den Kosten, die sind auch immer netto zu kalkulieren. Mit dem Umsatz sollten mindestens die Kosten langfristig gedeckt sein, sonst ist es eher ein teures Hobby.

Wenn Sie Hilfe bei der Planungsrechnung benötigen, ist das nicht beschämend. Sie sollten diese aber nicht ganz aus der Hand geben, sonst identifizieren Sie sich nicht damit und haben am Ende gar keine Ahnung.

Berechnung der notwendigen monatlichen Privatentnahme bzw. Unternehmerlohn

Wie bereits erwähnt, ist auch diese Summe ein Posten in Ihrer Liquiditätsplanung. Entweder Sie orientieren sich dabei an vergleichbaren Gehältern oder aber Sie planen realistisch, nämlich das, was Sie wirklich benötigen. Ob Ihr Unternehmen sich trägt, hängt davon ab, ob Sie mindestens in der Lage sind, aus dem Gewinn auf Dauer Ihre nötigen Privatausgaben zu bestreiten.

Tipps: Gehen Sie einmal Ihre Kontoauszüge durch, um nichts zu vergessen und machen Sie einen Kassensturz. Vielleicht entdecken Sie sogar noch Einsparpotential. Erstellen Sie eine Übersicht aller privaten Ein- und Ausgaben. Der Saldo zeigt, wie hoch die privaten Entnahmen aus Ihrer Geschäftstätigkeit sein müssen, um den Bedarf zu decken. Dies bedeutet, diesen Betrag müssen Sie mit Ihrer Selbstständigkeit mindestens verdienen, um Ihre privaten Lebenshaltungskosten bestreiten zu können.

Wenn Sie nicht alleine verantwortlich sind, um etwa die Miete zu bezahlen, kalkulieren Sie so, als müssten Sie selbstständig für sich sorgen. Wenn Sie nach dem Motto planen, keine großen privaten Ausgaben zu haben, weil ein anderer diese bestreitet, ist die komplette Unternehmensplanung verniedlicht, unrealistisch und komplett „für die Tonne".
Ohne negativ unken zu wollen, nichts ist für die Ewigkeit und man weiß nie, was passiert. Es ist also eher fürsorglich gemeint, ernsthaft und „hart" zu planen. Schließlich sollen die ganze Zeit, Investition und Hingabe ja nicht umsonst sein und als Zeitvertreib dienen.

Wenn Sie den Gründungszuschuss erhalten, empfehle ich, diesen dennoch nicht in der Liquiditätsplanung zu berücksichtigen. Der Zeitraum der Zahlung geht sehr schnell vorbei und es ist besser, wenn Sie von Anfang an gut durchdacht planen. Zu denken, es genügt, wenn ich den Kühlschrank füllen kann, ist auch suboptimal. Bedenken Sie, dass Sie vermutlich gerade am Anfang unter den gesteckten Zielen bleiben könnten, und dann sollte das bitte nicht unten angegliedert sein.

Planen Sie Ihre Liquidität monatlich für die ersten 24 Monate – das erscheint erst schwierig, gibt Ihnen aber mehr Planungssicherheit für die Durchführung.

Berechnung des Umsatzes

Wenn Sie wissen, welche Kosten auf Ihr Unternehmen zukommen, überlegen Sie im nächsten Schritt die Eingänge. Den Umsatz zu beziffern, mag Ihnen die größten Schwierigkeiten bereiten.

Schauen Sie in Ihre Marketingplanung und überlegen, was wann davon fruchten könnte. Bedenken Sie, was Sie am Anfang planen und welche Resonanz das bringen könnte.

- Gibt es saisonale Schwankungen, die Sie berücksichtigen müssen?
- Wird es Flauten oder Spitzenzeiten geben (müssen Sie dafür Personal einplanen und Zeit für deren Einarbeitung)?
- Bringen Sie aus der Vorbereitungsphase vielleicht sogar schon Kunden mit?
- Steigt die Auslastung, können Sie über Preiserhöhungen nachdenken.
  Am Anfang werden Sie noch viel Zeit für die Akquise haben. Nachher, wenn es „läuft", ist die Kunst, bei guter Auslastung weiter am Ball zu bleiben und neue Kunden zu gewinnen, damit es nicht zu einer Durststrecke kommt.

Tipps: mögliche Hilfe bei Liquiditätslücken

- Räumen Sie Ihren Kunden kein zu langes Zahlungsziel ein.
- Vereinbaren Sie bei größeren Aufträgen Anzahlungen oder Teilzahlungen.
- Ein Skonto kann Anreiz für eine schnelle Bezahlung bieten.

- Einen Kontokorrentkredit bitte nur kurzfristig nutzen (langfristig ist dieser zu teuer).
- In der Not können Forderungen, die Sie gegen andere haben, an Ihre Bank oder ein Finanzierungsinstitut abgetreten werden. Das kostet natürlich auch, also bitte nur im Notfall.
- Wenn Sie teure Maschinen, Anlageobjekte oder Anschaffungen getätigt haben, können Sie diese ggf. wieder verkaufen und dann zurückleasen.
- Bedenken Sie: Mehr Umsatz bedeutet häufig auch mehr Kosten.
- Bedenken Sie auch die sinkende Zahlungsmoral und planen Sie eher konservativ.

Exkurs: Was tun, wenn der Kunde nicht zahlt?

Es kann leider vorkommen, dass eine Rechnung nicht sofort beglichen wird, das dürfen Sie nicht persönlich nehmen, sondern sollten sachlich darauf reagieren. Außenstände sind ein Ärgernis und bringen insbesondere gerade erst gegründete Unternehmen oft in Liquiditätsschwierigkeiten. Dabei ist bereits bei Anbahnung der Geschäftsbeziehung darauf zu achten, mit wem man Geschäfte macht/machen möchte, egal ob Sie Existenzgründer oder bereits Unternehmer sind. Stellen Sie fest, wer Ihr Vertragspartner ist und wie die Vertretungsregelungen aussehen. Prüfen Sie (insbesondere bei großen Auftragsvolumen) Ihren potenziellen Geschäftspartner mittels einer Bonitätsprüfung, z. B. durch die SCHUFA, Creditreform oder andere Wirtschaftsauskunfteien. Sollte die Bonität schlecht sein, bestehen Sie auf eine Anzahlung und vereinbaren Sie die Zahlungsmodalitäten in jedem Fall schriftlich in einem Vertrag.

Zunächst empfehle ich aber bei nicht bezahlten Rechnungen einen persönlichen Anruf, das wirkt direkt und Sie wissen sofort, woran es liegt.

Frühzeitig mahnen

Mahnen Sie frühzeitig! Einige Tage nach Fälligkeitstermin sollte eine freundliche Erinnerung per Mahnung an den Kunden verschickt werden, sollten Sie nicht angerufen haben. Der Versand der Mahnung kann auch per E-Mail erfolgen. Oft wird sich der Schuldner darauf berufen, dass ihm die Rechnung gar nicht vorliegt. Fügen Sie daher der Mahnung immer auch die offene Rechnung bei. Sollte der Schuldner binnen 10 Tagen nicht bezahlen, senden Sie eine weitere Mahnung mit letzter Fristsetzung und dem Hinweis, dass bei weiterem Nichtbezahlen ein Inkassounternehmen eingeschaltet wird. Sie müssen eine Mahnung nicht per Einschreiben versenden. Ebenso müssen Sie auch nicht erst drei Mal mahnen, bevor Sie die Angelegenheit an ein Inkassounternehmen oder einen Rechtsanwalt abgeben.

Keine Angst vor Mahnungen an „gute" Kunden

Viele Gläubiger scheuen sich davor, ihre „guten" Kunden zu mahnen, weil diese dann ggfs. keine Aufträge mehr erteilen. Scheuen Sie sich nicht davor, auch diese Kunden zu mahnen. Sollte sich Ihr Kunde über eine Mahnung echauffieren, schieben Sie es auf etwaige Automatismen in der Buchhaltung. Bei der Gelegenheit fragen Sie aber nach, warum die Rechnung noch nicht bezahlt ist. Es muss Ihnen auch nicht unangenehm sein, jemanden zu mahnen, vielmehr sollte es dem Kunden unangenehm sein. Sie haben nichts von Kunden, die ihre Rechnungen nicht bezahlen.

Das gerichtliche Mahnverfahren

Wenn die Mahnungen nicht fruchten, können Sie das gerichtliche Mahnverfahren einleiten. Das ist sogar ganz einfach online möglich auf ww.online-mahnantrag.de, nach dem Erstellen reichen Sie den Ausdruck dann bei der Zentralstelle des genannten Amtsgerichtes ein. Danach erhalten Sie einen Gebührenbescheid, damit die weiteren Schritte eingeleitet werden. Hier wird dann der Mahnbescheid formell geprüft und dem Schuldner zugestellt. Dieser hat im Anschluss 2 Wochen Zeit, ohne Angabe von Gründen

Widerspruch einzulegen. Tut er das nicht, erfolgt der Vollstreckungsbescheid, den dann der Gerichtsvollzieher übernimmt.

Wenn Sie vorher schon bei dem Kunden einschätzen können, wie die Eintreibung „laufen" wird, macht vielleicht direkt ein Inkasso Sinn und ist wirkungsvoller. Ein gerichtliches Mahnverfahren dauert schon seine Zeit und ist auch erst dann sinnvoll, wenn es um eine Summe über 150 Euro geht.

Inanspruchnahme externer Hilfe durch ein Inkassobüro oder Rechtsanwalt

Kommen Sie mit Ihrem Mahnwesen nicht weiter, schalten Sie einen Rechtsanwalt oder ein Inkassobüro ein. Der Schuldner hat die Kosten dieser Beauftragung zu tragen, nicht Sie. Bedenken Sie aber, dass Sie Kostenschuldner gegenüber dem beauftragten Rechtsanwalt oder Inkassobüro sind. So sind die entstandenen Kosten zunächst von Ihnen zu zahlen und anschließend beim Schuldner anzufordern. Stellt sich heraus, dass Ihr Schuldner insolvent ist, so bleiben Sie auf den Kosten sitzen. Rechtsanwälte sind an das Rechtsanwaltsvergütungsgesetz (RVG) gebunden und haben keinen großen Spielraum und müssen entsprechend abrechnen – auch im Nichterfolgsfall. Inkassounternehmen hingegen dürfen individuelle Konditionen anbieten und beispielsweise im Nichterfolgsfall auf eine Vergütung verzichten. Dies ist Verhandlungssache.

Vorher auf Nummer sicher gehen

Sie können auch vorab eine Firmenauskunft, etwa bei der Creditreform einholen oder sich eine SCHUFA-Auskunft aushändigen lassen, wenn es sich um eine Privatperson handelt.

Mit der Zeit bekommen Sie ganz automatisch ein Gefühl für Ihre Kunden und dafür, wo Vorsicht geboten ist und wo Sie sich besser vorher informieren. Wenn Sie generell mit großen Summen umgehen, ist das ohnehin in Ihrer Branche ganz üblich und nicht verwerflich.

6.3 RENTABILITÄTSPLANUNG

Hier schreiben Sie eine kurze Zusammenfassung der Planungstabellen. Wie bereits erwähnt, ist die Rentabilitätsplanung die reine Gewinnbetrachtung Ihres Unternehmens. Hieran können Sie messen, welche Erfolgschancen Ihr Gründungsvorhaben zur langfristigen Sicherung Ihrer Existenz haben werden. Alle Kostenpositionen beziehen sich nur auf Ihr Unternehmen.

Zentrale Frage: Erreichen Sie mit Ihrem Vorhaben eine tragfähige Vollexistenz und können zukünftigen monetären Verpflichtungen nachkommen?
Es ist ganz normal, dass der Geschäftserfolg in der Aufbauphase meist geringer und auch später als geplant eintritt. Vermeiden Sie bei allem positiven Denken eine allzu optimistische oder gar überzogene Vorstellung. Lässt sich der Absatz bzw. Umsatz zunächst nur schwer schätzen, bietet eine kostendeckende Planung eine erste Orientierung.

Bei einer Geschäftsübernahme oder einer Beteiligung können Sie auf vergangene Zahlen zurückgreifen und vor diesem Hintergrund Ihre Planungen und Prognosen aufstellen. Aber Vorsicht: Zahlen können aufgehübscht sein – spätestens hier sollten Sie Fachleute oder einen Steuerberater an Ihre Seite holen.

Tipp: Mit einer kleinen, vereinfachten Orientierung können Sie überlegen, ob der Gewinn zum Leben ausreicht:

Nehmen Sie die Höhe Ihrer Privatentnahme mal 12. Das sollte der Gewinn (einmal) sein, um davon leben zu können. Dies ist wirklich nur zum groben Orientieren, da ja auch noch die persönliche (Steuer-) Situation eine Rolle spielt.

7. EINSCHÄTZUNG ZUKUNFTSAUSSICHTEN: CHANCEN UND RISIKEN

Welche Chancen bringt Ihr Vorhaben mit sich?

In diesem Kapitel sollten Sie sich Gedanken darüber gemacht haben, was Sie kurz-, mittel- und langfristig erreichen möchten. Wichtig: Nicht zu klein planen, denn Sie müssen bedenken, dass Sie vermutlich sowieso etwas unter den gesteckten Zielen bleiben. Also ruhig etwas mutig planen, die ganze Kraft und Mühe soll sich ja auch lohnen.

Vielleicht denken Sie sogar darüber nach, zu expandieren, eine Filiale zu eröffnen oder ein Franchise zu gründen.

- Wie wollen Sie die Zahl der Kunden dauerhaft weiter erhöhen?
- Wie werden Sie den Umsatz pro Kunde erhöhen?
- Welche zusätzlichen Geschäftsaktivitäten können Sie sich für die Zukunft vorstellen?
- Wie lautet Ihre Unternehmensvision?

Welche Risiken birgt die Gründung?

Natürlich bringt eine Gründung auch immer Risiken mit sich, auch wenn kein großer Kapitaleinsatz nötig ist. Denn Zeit bedeutet im übertragenen Sinne auch Geld und dies kann zu einer Lücke im Lebenslauf führen, die Sie ggf. erklären müssen, wenn Sie sich doch wieder in ein Angestelltenverhältnis begeben möchten.

Welche Maßnahmen können dann oder schon vorher, präventiv, gegen mögliche Risiken ergriffen werden?

- Welche Faktoren können dazu führen, dass sich Ihr Geschäft besser als geplant entwickelt?
- Welche Risiken bestehen?
- Wie reagieren Sie, wenn die beschriebenen Risiken eintreten?
- Was machen Sie, wenn Sie krank werden? Besteht das Risiko?

- Was können Sie zusätzlich unternehmen, wenn es nicht so läuft wie geplant? Haben Sie ausreichende Reserven?

Wichtig ist, dass Sie einen Notfallplan haben bzw. eine Vertretungsregelung, wenn Sie z. B. ungeplant wegen Krankheit ausfallen.

7.1 ANLAGEN ZUM BUSINESSPLAN

Als letzten Punkt listen Sie die Anlagen auf, die dem Businessplan beigefügt sind, passend zu Ihrem Vorhaben und Ausarbeitungen. Das können beispielsweise sein:

- Lebenslauf
- Genehmigungen
- Planungsrechnungen
- Entwurf Mietvertrag
- Zeugnisse
- Urkunden
- Abschlüsse

Tipps & wichtige Hinweise zum Businessplan

Nun haben Sie erfahren, wie ein Businessplan idealerweise aufgebaut ist und was sich inhaltlich hinter den einzelnen Kapiteln verbirgt.

Dazu möchte ich Ihnen noch ein paar wichtige Punkte mit auf den Weg geben, damit Ihr Businessplan auch die gewünschte Wirkung, nicht nur beim Leser, sondern auch bei Ihnen selbst, erzeugt.

Struktur beibehalten

Es ist ganz normal, dass Sie den Businessplan nicht Kapitel für Kapitel in einem Rutsch und nacheinander durchschreiben, sondern dass er Stück für Stück wächst und einzelne Kapitel sukzessive wie ein Zahnrad ineinandergreifen werden. Halten Sie sich an die Gliederung, Ihren roten Faden, dann kommen Sie nicht durcheinander und überzeugen mit Ihrem Konzept. Und falls dennoch droht, innerhalb der Kapitel unordentlich zu werden, schaffen Sie zusätzliche Themenblöcke mit Zwischenüberschriften zur Orientierung. Eine vernünftige Struktur kann entscheidend für Erfolg oder Misserfolg sein – egal, für wen die Unterlagen sind.

Erscheinungsbild

Ein einheitlicher Auftritt gilt nicht nur für Ihr Unternehmen, wenn es an den Start geht, sondern fängt schon beim Businessplan an. Neben der Struktur sollte auch das gesamte Bild stimmig sein. Das bedeutet einheitliche Schriftgrößen und Unterteilungen und wenige, dafür stimmige Farben. Gerade wenn Sie in einem kreativen Bereich gründen, machen Sie daraus bitte optisch kein kunterbuntes Meisterwerk. Auch die Grafiken und Diagramme, die Sie ggf. nutzen, sollen zum Gesamtbild passen und natürlich aktuell sein.

Chancen & Risiken, sachlich bleiben

Sie würden sich nicht selbstständig machen, wenn Sie nicht absolut überzeugt sind von Ihrem Vorhaben. Das darf man in Ihrem Businessplan auch ruhig erkennen, lesen und spüren. Dennoch müssen Sie die Gradwanderung schaffen und bei den objektiven Fakten bleiben. Verschweigen Sie keine Risiken – kein Konzept ist ohne Risiko! Daraus können sich aber auch durchaus Chancen ergeben.
Eine reine Aufzählung der Chancen und Risiken alleine reicht dabei nicht aus, um „um die Ecke“ denken zu können. Die Auswirkungen von Unwissenheit oder der Missachtung von Risiken erklärt sich ja von selbst.

Fachchinesisch

Versuchen Sie, den Leser in der Sprache abzuholen, die er versteht. Ein Businessplan mit lauter Fachbegriffen und Fußnoten bereitet keine Freude. Wenn Sie ausführliche fachspezifische Erläuterungen und Details nutzen müssen, machen Sie daraus Anlagen, erläutern Sie diese im Text und verweisen auf die ausführliche Darstellung in den Anlagen. Selbstverständlich sollten diese auch ordentlich als Anlagen aufgeführt und durchnummeriert sein.

Informieren, aber nicht langweilen

Ja, Ihr Businessplan soll alles Wichtige enthalten, informieren und überzeugen. Aber auf der anderen Seite soll er auch nicht überfrachtet sein, sodass der Leser die Lust und den Überblick beim Lesen verliert. Es ist eine Herausforderung, sich bei allem Eifer nicht in den Ausführungen zu verlieren. Dabei sollten auch keine unschlüssigen oder widersprüchlichen Aussagen in den Kapiteln vorkommen. Wenn Sie wissen, Sie gehören generell zu dieser Spezies, die nicht auf den Punkt kommen kann: Nehmen Sie externe Hilfe in Anspruch, bevor Sie es vergeigen und zu viel unnötige Zeit damit verbringen.

Konzeptionelles Marketing

Versuchen Sie eine wirkliche Differenzierung zum Wettbewerb zu finden, die Sie für Ihr Marketing nutzen können. Daher ist es auch so wichtig, sich vollumfassend einen Überblick über den Markt und den Wettbewerb zu verschaffen.

Gekaufter Businessplan

Aber ja – einen Businessplan zu verfassen ist aufwendig und dauert unter Umständen mehrere Wochen. Diese Aussicht kann schlechte Laune verursachen und demotivierend sein. Sicher gibt es mehr oder weniger fertige Businesspläne, die man käuflich erwerben kann. Aber ganz ehrlich – denken Sie, dass Sie das zu einer erfolgreichen, eigenen Gründung führt? Den Businessplan schreiben Sie ganz alleine für sich und Ihren erfolgreichen Existenzaufbau, egal wer den einmal zu lesen bekommt. Diesen so wichtigen Aspekt dürfen Sie, gerade bei einem Durchhänger, nicht aus den Augen verlieren. Kein anderer kennt Sie so gut wie Sie sich selbst.

Schwerpunkte am Empfänger ausrichten

Wenn Sie nicht nur für sich, sondern auch für eine Bank den Businessplan verfassen, legt die mit dem betriebswirtschaftlichen Blick z. B. ein besonderes Augenmerk auf durchdachte Zahlen. Ein Investor hingegen schaut ggf. auch noch eher zusätzlich auf die Innovation, die Sie auf den Markt bringen wollen. Also je nachdem, wer der zusätzliche Adressat ist, sollte der Inhalt auch besonders auf diesen ausgerichtet sein.

Fazit: Halten Sie sich vor Augen, dass Sie den Businessplan nur einmal vernünftig machen müssen und davon anschließend Ihr ganzes Unternehmerleben profitieren werden.

K 13 FÖRDERMITTEL

Es gibt verschiedene Arten von Fördermitteln und Förderprogrammen für Existenzgründer, Gründerinnen, Startups und sogar für bereits langjährig am Markt selbstständig Tätige.

Unterschiedliche Förderprogramme von Bund und Ländern unterstützen Vorhaben, die finanziellen Erfolg versprechen, die Existenz sichern oder auch diejenigen, die neue Arbeitsplätze schaffen oder sichern. Die Wahl des richtigen Förderprogramms und die Möglichkeiten von staatlichen Hilfestellungen sind ganz unterschiedlich und individuell herauszufinden.

Im Allgemeinen unterscheidet man bei Fördermitteln zwischen:

- Förderkrediten (Kapitel 14)
- Bürgschaften (Kapitel 14)
- Zuschüssen wie dem Gründungzuschuss oder Beratungsförderung
- Sonstigen Fördermitteln

Grundregel: immer erst sorgfältig informieren, dann auswählen

Es gibt eine Vielzahl von Programmen zur Förderung von Existenzgründern. Die verschiedensten Fördermittel stehen Gründern in ganz unterschiedlicher Form zur Verfügung. Um den richtigen Weg für sich zu finden, sollten Sie sich unbedingt erst umfassend informieren, bevor Sie sich für eine Förderung entscheiden. Zu den über 2.000 Programmen von Bund, Ländern und EU zählen vergünstigte Kredite, die Gewährung einer Bürgschaft für ein Darlehen oder Zuschüsse zur Existenzgründung. Aber auch Beteiligungskapital wird zum Teil von den Beteiligungsgesellschaften der Förderbanken angeboten.

Die wichtigsten Förderprogramme für Gründerinnen und Gründer

Bei öffentlichen Förderprogrammen handelt es sich meistens um Darlehen, seltener um nicht-rückzahlbare Zuschüsse. Typisch für diese öffentlichen Förderdarlehen sind u. a. günstige Zinsen, lange Laufzeiten und häufig eine rückzahlungsfreie Zeit, bis Sie mit der Tilgung beginnen müssen. Stellen Sie sich deshalb jetzt direkt die Frage: Für welche Zwecke will ich Fördermittel in Anspruch nehmen? Geht es um die Anschaffung von Büroausstattung oder um eine möglichst reibungsfreie Anfangsphase mit Unterstützung einer Beratung und Begleitung?

Ich nenne im Folgenden beispielhaft ein paar wichtige Förderprogramme.

Welches Förderprogramm passt zu Ihnen und welche Vorteile bietet es in Ihrer ganz persönlichen Situation in Ihrem Bundesland? Eine Möglichkeit, das herauszufinden ist z. B. über die Förderdatenbank des Bundeswirtschaftsministeriums: www.foerderdatenbank.de

Wichtige Zuschüsse

Es gibt verschieden Möglichkeiten, in den Genuss von Zuschüssen zu kommen. Unterschieden wird nach dem Zeitpunkt der Inanspruchnahme vor oder nach der Gründung. Die Zuschüsse sind unabhängig voneinander und können sowohl vor der Gründung als auch zusätzlich nachher für ein Gründungsvorhaben beantragt werden.

13.1 MÖGLICHE ZUSCHÜSSE VOR DER GRÜNDUNG

1. Gründungszuschuss der Bundesagentur für Arbeit

Der Gründungszuschuss stellt eine Liquiditätshilfe bei Gründungen aus der Arbeitslosigkeit in den ersten 6 Monaten dar. Dabei liegt es im Ermessen der Bundesagentur für Arbeit, ob der Gründungszuschuss für Ihr Gründungsvorhaben gewährt wird. Das bedeutet, Sie haben keinen rechtlichen Anspruch auf diesen Zuschuss.

Aufgrund der Einsparungen ist es bereits seit Anfang 2012 schwierig, in den Genuss des Gründungszuschusses zu gelangen. Es ist eine Gratwanderung, der Arbeitsagentur darzulegen, dass es nicht zu lange dauern wird, um von der Selbstständigkeit leben zu können. Andererseits können aber auch zu hohe Einnahmen zur Ablehnung führen, weil dann die Förderung gar nicht erst benötigt wird. Besonders schwierig ist es beispielsweise in den gedacht gut verdienenden Branchen, bei der Übernahme eines Betriebes oder beim Wechsel von der nebenberuflichen in die hauptberufliche Selbstständigkeit, eine Förderung zu erhalten. Die Berater der Arbeitsagentur sind angehalten, der Vermittlung in den Arbeitsmarkt den Vorrang zu geben! Es ist auch möglich, dass Sie einen zusätzlichen internen Fragebogen ausfüllen müssen, mit dem die Förderung zusätzlich begründet werden soll. Keine Angst: In einem vollständigen und soliden Businessplan haben Sie sich ohnehin mit diesen Fragen auseinandergesetzt und müssen vor dieser Aufgabe keine Scheu haben.

Gründungszuschuss Fakten: ob und in welcher Höhe Sie Anspruch darauf haben

Wenn Sie aus der Arbeitslosigkeit heraus gründen, können Sie den sogenannten Gründungszuschuss beantragen, dafür fällt dann das ALG I (Arbeitslosengeld I) weg. Der Gründungszuschuss soll in der Anfangszeit Ihre Liquidität unterstützen, wenn naturgemäß die Auftragslage noch nicht ausreicht, um die Zahlungsfähigkeit sicher zu stellen. Der Gründungszuschuss ist eine Ermessensleistung der Arbeitsagentur. Auf den Gründungszuschuss selber haben Sie also keinen Rechtsanspruch, auch wenn alle Voraussetzungen gegeben sind, lediglich auf die Antragstellung besteht ein Rechtsanspruch. Das Arbeitslosengeld sowie der Gründungszuschuss sind steuerfrei und müssen nicht zurückgezahlt werden.

Gründungszuschuss: Höhe und Laufzeit (Stand: 2022)

Die Höhe des Gründungszuschusses richtet sich nach dem ALG I-Anspruch und somit nach dem vorherigen Einkommen. Der Gründungszuschuss teilt sich in zwei Phasen auf:

Phase 1:

Zunächst können Sie sechs Monate lang den Gründungszuschuss in Höhe des ALG I zzgl. 300 Euro für Sozialversicherungsbeiträge erhalten. Sobald Sie sich selbstständig machen, zahlt die Arbeitsagentur nicht mehr die Sozialversicherung für Sie. Allein mit den Kosten für die Kranken- und Pflegeversicherung werden Sie in der Regel die 300 Euro-Pauschale benötigen.

Ihr Vorteil gegenüber dem Arbeitslosengeld: Einmal genehmigt, dürfen Sie im Prinzip beliebig viel hinzuverdienen, ohne dass es zu einer Kürzung des Gründungszuschusses kommt.

Phase 2:

Gegen Ende der sechsmonatigen Grundförderung können Sie für den Pauschalbetrag (300 Euro) eine Verlängerung für weitere 9

Monate beantragen. Danach müssen Sie auf eigenen Beinen stehen können. Sollte dies nicht der Fall sein, können Sie ergänzend Arbeitslosengeld II beantragen.

Gründungszuschuss: Voraussetzungen

Voraussetzung Nr. 1 ist ein Anspruch auf Arbeitslosengeld I. Zum Zeitpunkt der Gründung müssen Sie mindestens für einen Tag arbeitslos gemeldet sein und noch über mindestens 150 Tage Restanspruch auf Arbeitslosengeld I verfügen. Wichtig: Der Antrag auf Gründungszuschuss muss bei der Arbeitsagentur vor Ihrer Gründung gestellt werden.

Es gibt verschiedene sogenannte vorbereitende Maßnahmen wie eine Gründungsberatung, die nicht förderschädlich sind, wenn diese vor der Beantragung stattfinden. Mit dem Gründungsdatum enden offiziell Ihre Arbeitslosigkeit sowie die Auszahlung des Arbeitslosengeldes.

Fallstricke: Ruhe- und Sperrzeiten

Denken Sie daran, sich in jedem Fall innerhalb von 3 Tagen arbeitssuchend zu melden. Wenn Sie die Kündigung erhalten, selbst aussprechen oder einen Aufhebungsvertrag unterschreiben, sollten Sie sich umgehend bei der zuständigen Arbeitsagentur melden. Nur so vermeiden Sie eine Sperrfrist. Haben Sie selbst Ihr Arbeitsverhältnis gekündigt oder sich auf einen Aufhebungsvertrag eingelassen (z. B. in Folge von Mobbing, Umzug), kann Ihnen eine dreimonatige Sperrfrist drohen. In dieser Zeit erhalten Sie kein Arbeitslosengeld und müssen selber für die Sozialversicherungsbeiträge aufkommen.

Kalkulieren Sie unbedingt die sogenannten Ruhezeiten ein, denn erst danach haben Sie Anspruch auf das Arbeitslosengeld und können auch erst dann gründen. Gründe für Ruhezeiten können z. B. sein, wenn Sie noch Urlaubsansprüche haben, die berücksichtigt werden müssen oder Sie sich in der Freistellung befinden und noch weiter Gehalt beziehen.

Der Gründungszuschuss kann in den Fällen erst nach der Sperrfrist/Ruhezeit beantragt werden. Bedenken Sie, dass sich der Gesamtanspruch auf Arbeitslosengeld gegebenenfalls um diese Zeiten verringert.

Voraussetzung Nr. 2: Sie machen sich hauptberuflich selbstständig. Mit dem Gründungszuschuss wird die hauptberufliche Selbstständigkeit gefördert, wenn die selbstständige Tätigkeit mehr als 15 Stunden wöchentlich beträgt. Bei dieser Vorgabe müssen wir immer ein wenig schmunzeln, da dies in vielen Fällen anfänglich das tägliche Pensum (und nicht etwa wöchentliche) ist. Vorher kann man also, wenn auch ohne Förderung, nebenberuflich selbstständig tätig gewesen sein. Jedoch ist die Hürde zur Gründungszuschuss-Zusage dann etwas höher.

Voraussetzung Nr. 3 ist ein vorliegender, solider Businessplan und eine fachkundige Stellungnahme. Die Arbeitsagenturen fördern nur Gründungsvorhaben, die „förderungswürdig“ sind und Aussicht auf langfristigen Erfolg haben. Dabei wird davon ausgegangen, dass eine gewisse Anlaufphase benötigt wird. Im Businessplan muss klar erkennbar sein, wann Sie was wie erreichen wollen. Die Planungsrechnung im Businessplan muss für 24 Monate dargestellt werden. Ob das Gründungsvorhaben und die Zukunftsaussichten realistisch sind, können und wollen die Arbeitsagenturen nicht ohne eine fachkundige Stelle alleine beurteilen.

Die Quote aus unserem Hause für den Erhalt des Gründungszuschusses: 100 %!

Fachkundige Stellungnahme

Auch Tragfähigkeitsbescheinigung genannt, die Sie unter anderem benötigen, um den Gründungszuschuss/Einstiegsgeld zu erhalten. Das ist wie ein Prüfstempel, dass der Businessplan logisch und plausibel ist und die Gründung Erfolgsaussichten hat.

Die fachkundige Stellungnahme erhalten Sie bei den Kammern oder auch bei einer Unternehmensberatung wie ich es bin.

Bei den öffentlichen Stellen kostet die fachkundige Stellungnahme häufig nichts. Bedenken Sie, dass institutionelle Berater nicht selbstständig sind. Ihnen fehlt daher häufig ein wesentlicher Blickwinkel der eigenen Selbstständigkeit. Das sollten Sie bei der Auswahl beachten. Achtung ist auch geboten bei Pauschalangeboten im Internet, denn die haben i. d. R. kein wirkliches Interesse daran, dass Ihr Konzept „funktioniert" und auch in der Praxis realisierbar ist. Ein nicht auf Herz und Nieren durchleuchteter Plan kann Sie in der Zukunft teuer zu stehen kommen – im Ernstfall führt er zum Scheitern Ihres Vorhabens.

Tipp: Eine erfahrene fachkundige Stelle kann durch genaue Kenntnis der Verwaltungspraxis in den Arbeitsagenturen das Risiko einer Ablehnung des Gründungszuschusses deutlich senken.

Für die Beratung mit Praxis Know-how von Unternehmens- und Steuerberatern, die wenn Sie zugelassen sind, auch die fachkundige Stellungnahme abgeben können, stehen öffentliche Fördermittel – je nach Region unterschiedlich hoch – zur Verfügung. Die Kosten für diese Prüfung Ihres Businessplans richten sich nach Art und Umfang des Vorhabens. In welcher Höhe Fördermittel für eine Beratung genutzt werden können, hängt vom jeweiligen Einzelfall ab.

Tipp: Nehmen Sie frühzeitig Kontakt mit der Gründungsberaterin/dem Berater Ihrer Wahl auf und holen Sie sich Feedback zu Ihrem Gründungsvorhaben und zur zielgerichteten Vorgehensweise.

Grundsätzliche Tipps zum Gründungszuschuss

Der richtige Weg liegt für die eigene Selbstständigkeit, wie so oft, in der Mitte. Wenn Ihre Auftraggeber nicht schon Schlange stehen, sollten Sie die Gründung nicht überstürzen und sich einige Wochen Zeit nehmen, diese in Ruhe vorzubereiten und den Businessplan zu erstellen, damit Sie von Anfang an die richtigen Schritte in der richtigen Reihenfolge vornehmen. Unterschätzen

Sie nicht die Vorlaufzeit, die Sie benötigen, um in der neuen Situation „anzukommen“, auch wenn der Gründungsbereich Ihnen aufgrund Ihrer vorherigen Tätigkeit nicht fremd ist.

Nehmen Sie rechtzeitig die Arbeitsagentur mit ins Boot und informieren Sie diese nicht auf den letzten Drücker über Ihren Plan. Versuchen Sie nicht, sich gleichzeitig zu bewerben und die Gründung voranzutreiben, sondern entscheiden Sie sich bewusst für einen Weg und konzentrieren Sie sich dann mit voller Energie darauf, diesen konsequent zu beschreiten. Erfolgreich werden Sie nur sein, wenn Sie mit ganzer Kraft und Konzentration an einer Sache arbeiten.

Worst Case Ablehnung – und nun?

In diesem Fall ist die Gründung auch möglich, nur eben ohne Unterstützung des Gründungszuschusses. Sie können weiter Arbeitslosengeld beziehen und für diese Dauer zunächst nebenberuflich gründen. Haken: Die Einnahmen werden vom ALG I abgezogen. Weiterhin kann es in der Kommunikation mit potenziellen Auftraggebern unprofessionell wirken, wenn Sie noch nicht Vollgas geben (können). Es besteht auch die Möglichkeit, den Weg „Einspruch" zu gehen.
So oder so wichtig: Eine gute Vorbereitung ist von erheblicher Bedeutung. Sie ist noch mehr als je zuvor nicht nur ein Erfolgsgarant für Ihr Vorhaben, sondern auch für die Genehmigung des Gründungszuschusses, um Ihr Vorhaben zu unterstützen.

Mein Tipp zum Gründungszuschuss

Wer von Anfang an professionelle Hilfe in Anspruch nimmt und selbstbewusst mit einem wasserdichten Businessplan sein Recht einfordert, wird den Gründungszuschuss auch weiterhin erhalten. Bereits im ersten Termin bei der Arbeitsagentur werden die Weichen gestellt, wohin die Reise gehen soll.

Freiwillige Arbeitslosenversicherung in der Selbstständigkeit

Sie können sich mit der freiwilligen Arbeitslosenversicherung für den Fall absichern, falls Sie die Selbstständigkeit, aus welchen Gründen auch immer, aufgeben müssen und wieder Arbeitslosengeld beziehen möchten. Im Versicherungsfall richtet sich die Höhe des Arbeitslosengeldes nach der formalen Ausbildung der Gründerin bzw. des Gründers. Der monatliche Beitrag beträgt (Stand 2022) 78,96 (West) bzw. 75,60 Euro (Ost). Für Gründerinnen und Gründer gibt es eine Sonderregelung. Sie zahlen im Jahr der Gründung nur den halben Beitrag.
Die Beitrittserklärung muss innerhalb der ersten drei Monate nach der Gründung erfolgen. Dabei verpflichten Sie sich dann, für die nächsten fünf Jahre einzuzahlen. Eine vorzeitige Kündigung ist nur unter besonderen Voraussetzungen möglich. Überlegen Sie sich gut, ob diese Investition sich für Sie „rechnet" und Sie sich dieses Sicherheitsnetz leisten möchten. Der Versicherungsbeitrag kann steuerlich geltend gemacht werden. Die Versicherung kündigt Ihnen, sobald Sie aufhören, den Beitrag einzuzahlen.

Exkurs: Einstiegsgeld der Arbeitsagentur

Das Einstiegsgeld ist eine Sozialleistung zur Förderung der Existenzgründung bzw. zur Förderung der Aufnahme einer sozialversicherungspflichtigen Tätigkeit für Bezieher von Arbeitslosengeld II. Es wird ebenfalls als Ermessensleistung von der Arbeitsagentur gewährt.

2. Beratungsförderung – Zuschuss vor der Existenzgründung

In fast jedem Bundesland gibt es einen Zuschuss für die sogenannte Vorgründungsberatung, um beispielsweise mit professioneller Unterstützung den Businessplan für einen Förderkredit oder den Gründungszuschuss zu erarbeiten. Für die Beratung vor der Gründung, die Vorgründungsberatung, gibt es eine Förderung z. B. durch das Beratungsprogramm Wirtschaft NRW, für Gründer, die in NRW in die Selbstständigkeit starten. Für Existenzgründer gibt es einen Zuschuss zu den Beratungskosten. Dieser ist in NRW unabhängig davon, ob Sie noch im Angestelltenverhältnis arbeiten oder bereits Arbeitslosengeld beziehen. Mit diesem Förderprogramm werden Existenzgründerinnen und -gründer, egal ob Gewerbetreibender oder Freiberufler, vor der Realisierung des Vorhabens zum Start in die Selbstständigkeit mit einer Beratungsförderung unterstützt.

Gefördert wird etwa die Hilfe bei der Erstellung eines Businessplanes, um zum Beispiel einen Bankkredit oder Förderkredit zu beantragen oder um Investoren und Business Angels von der Gründungsidee zu überzeugen. Auch der Businessplan für die Arbeitsagentur, um den Gründungszuschuss zu beantragen, wird mit dieser Förderung unterstützt. Gleichwohl ist diese Beratungsförderung ganz unabhängig von der Arbeitsagentur ist, d. h. jeder kann diese Förderung nutzen.

Die komplette Unternehmensberatung zur Beurteilung und Ausarbeitung der Geschäftsidee, ob es Fragen zur Zielgruppe, dem Marketing sind oder um die Kalkulation der gesamten Planungsrechnung geht, wird durch das Beratungsprogramm vor der Gründung gefördert.

Wichtig: Die Antragstellung muss vor der Beratung und dem Beginn erfolgen. Hierbei handelt es sich um eine echte Förderung. Eine Rückzahlung ist auch dann nicht erforderlich, wenn die Gründung gar nicht oder nicht in geplanter Vorgehensweise umgesetzt wird. Auch die Beratung zur Geschäftsübernahme wird gefördert. Die Beratung wird auch gerne in Anspruch genommen, um zu prüfen, ob das Geschäftsvorhaben überhaupt zur Gründerperson passt bzw. überhaupt in der angedachten Form umgesetzt werden kann.

Förderhöhe in NRW z. B.: 50 % Zuschuss zum Beraterhonorar (max. 1.600 Euro). Mehr Informationen finden Sie unter www.lgh.nrw.

13.2 MÖGLICHE ZUSCHÜSSE NACH DER GRÜNDUNG

1. Zuschuss zur professionellen Beratung zu jeder Zeit und überregional

Im Januar 2016 ging das neue bundesweite Förderprogramm „Förderung unternehmerischen Know-hows" für kleine und mittelständische Unternehmen an den Start.
Damit wurde das ehemalige „Gründercoaching Deutschland" der KfW-Bank sowie weitere Programme durch das Bundesamt für Wirtschaft und Ausfuhrkontrolle (BAFA) abgelöst. Existenzgründer, Jungunternehmer und Geschäftsführer von bestehenden Unternehmen haben die Möglichkeit, Beratungsleistungen unter anderem zu organisatorischen, vertrieblichen, wirtschaftlichen, personellen und strukturellen Themen mit einem staatlichen Zuschuss in Anspruch zu nehmen. Auch die Beratung zu Marketing- und Vertriebsthemen sowie alle Fragen zur Unternehmensnachfolge oder Expansion werden mit diesem Förderprogramm unterstützt.

In Anspruch nehmen können die Förderung junge Unternehmen, die nicht länger als zwei Jahre am Markt sind, Unternehmen ab dem dritten Jahr jederzeit nach Gründung (sogenannte Bestandsunternehmen) und, seit dieser Förderperiode, nun auch Unternehmen, die sich in wirtschaftlichen Schwierigkeiten befinden. Die Höhe des Zuschusses orientiert sich an den maximal förderfähigen Beratungskosten (Bemessungsgrundlage) sowie dem Standort des Unternehmens. Je nachdem variiert der Zuschuss zwischen 50 und 90 Prozent der Beratungskosten.

Junge Unternehmen, die nicht länger als zwei Jahre am Markt sind, erhalten 50 % Zuschuss (max. 2.000 Euro).

Unternehmen ab dem dritten Jahr nach der Gründung können 50 % Zuschuss (max. 1.500 Euro) beantragen.

Unternehmen, die sich in wirtschaftlichen Schwierigkeiten befinden, werden – unabhängig vom Unternehmensalter – mit einem Zuschuss von 90 % (max. 2.700 Euro) unterstützt.

Das Unternehmen muss der EU-Mittelstandsdefinition für kleine und mittlere Unternehmen entsprechen (z. B. max. 250 Mitarbeiter).

Darüber hinaus gibt es verschiedene weitere Förderprogramme der Länder, etwa z.B. vom Land NRW das „Regionale Wirtschaftsförderungsprogramm [RWP]", das über die NRW-Bank abgewickelt wird. Gefördert werden hier umfassende betriebswirtschaftliche oder organisatorische Beratungen mit 50 % Zuschuss zum Beraterhonorar (max. 3.600 Euro).
Themen können beispielsweise sein die Neuausrichtung der Finanzierungsstruktur, Umstrukturierung, die notwendige Erschließung neuer Absatzmärkte (z. B. Marketingberatung), die Übergabe des Unternehmens an einen Unternehmensnachfolger, eine geplante vollständige oder teilweise Übernahme eines KMU (kleines oder mittleres Unternehmen) durch eine Belegschaftsinitiative oder ein anderes KMU sein.

Laut KfW-Statistik sind Gründer, die sich beraten lassen, erfolgreicherer und überstehen häufiger die schwierigste Zeit – die Anfangsphase. Vor der Antragstellung und Abwicklung brauchen Sie keine Angst zu haben. Ein seriöser Berater hilft Ihnen dabei, Fördermittel zu beantragen und abzurufen. Daran können Sie schon erkennen, ob Sie die richtige Wahl des Beraters getroffen haben.

2. Meistergründerprämie

Diese einmalige Prämie wird von den örtlichen Handwerkskammern als echter Zuschuss für Neugründungen, Übernahmen oder tätige Beteiligungen, die dabei Arbeitsplätze schaffen, mit einem einmaligen Zuschuss z.B. in NRW von 10.500 Euro vergeben. Antragsberechtigt sind Handwerksmeisterinnen und -meister, die eine selbstständige Vollexistenz gründen und einen Finanzierungsbedarf von mind. 15.000 Euro haben. Hierbei ist die Dauer der zur Verfügung stehenden Arbeitsplätze zu beachten. Da es aber auch bei dieser Förderung immer wieder Änderungen gibt, empfehle ich die aktuellen Infos der örtlichen Handwerkskammer.

3. Einstellung von Mitarbeitern

Stellen Sie als Arbeitgeber Arbeitnehmerinnen und Arbeitnehmern ein, die arbeitslos sind und deren Vermittlung wegen in ihrer Person liegender Gründe erschwert ist bzw. langzeitarbeitslos sind, können Sie als Arbeitgeber einen Zuschuss zum Arbeitsentgelt zum Ausgleich der Minderleistung erhalten (www.arbeitsagentur.de). Bei dem Eingliederungszuschuss handelt es sich um eine Ermessensleistung, sodass Sie sich bei Ihrer örtlichen Arbeitsagentur beraten lassen sollten, falls diese Förderung für Sie in Frage kommt. Die Höhe und Dauer des Zuschusses richtet sich nach dem Umfang der Minderleistung des Mitarbeiters und dem Eingliederungserfordernis. Zu bedenken ist hierbei, dass unter Umständen, je nach Tätigkeit, die übernommen werden soll, eine längere Einarbeitungszeit zu bedenken ist. Beispiel: Ein Maurer, der wegen Krankheit nicht mehr in seinem Job tätig sein kann, wird es tendenziell schwerer haben, Blumen zu verkaufen.

Zusammenfassender Tipp: Es ist möglich, alle Fördermittel auszuschöpfen und miteinander zu kombinieren, die Beratung vor der Gründung, den Gründungszuschuss, die Beratung und Begleitung nach der Gründung, ein günstiger Förderkredit, die Meistergründerprämie und Zuschüsse bei der Einstellung bestimmter Mitarbeiter.

Fördermittel in Form von günstigen Förderkrediten sind im Kapitel 14 näher beleuchtet. Wichtig: Verschiedene Förderkredite können untereinander nicht miteinander kombiniert werden.

K 14 FINANZIERUNG, FÖRDERKREDITE

Als Fördermittel werden auch besondere Förderkredite und Bürgschaften bezeichnet. Bei einer überzeugenden und tragfähigen Geschäftsidee können öffentliche Förderdarlehen des Landes, des Bundes und der Europäischen Union eine finanzielle Starthilfe darstellen. Sie bieten meist besonders günstige Konditionen hinsichtlich Zinssatz, Haftung, Laufzeit und Tilgung und stärken zudem die Sicherheiten oder das wirtschaftliche Eigenkapital. Zum einen gibt es regional übergreifende Angebote wie die der KfW, aber auch die Länder haben zum größten Teil eigene Förderkreditprogramme, z. B. die der NRW Bank oder die IFB Hamburg.

Alle haben eins gemeinsam: Zur Beantragung ist ein gut ausgearbeiteter Businessplan erforderlich. Die zentrale Frage bei der Prüfung Ihres Businessplans durch die Bank ist: Wie hoch ist die Ausfallwahrscheinlichkeit des Kredites im Vertragszeitraum? Auf Deutsch: Wenn ein Kredit über 10 Jahre laufen soll, prüft die Bank besonders den Aspekt, ob Sie den Kredit auch über diesen Zeitraum (wahrscheinlich) zurückzahlen können.

Fazit: Ein gut vorbereiteter und ausgefeilter Businessplan ist das A und O Ihrer beruflichen Selbstständigkeit.

Allgemeine Finanzierungsvoraussetzungen:

- Tadellose Schufa
- Gründerpersönlichkeit muss zum Vorhaben passen
- Aussagefähiger Businessplan & plausible Zahlen
- Antragstellung vor Beginn
- Je nach Umfang angemessenes Eigenkapital oder Sicherheiten
- Je nach Alter bei Antragstellung vorliegende Nachfolgeregelung

Zudem erfolgt die Beantragung immer nach dem Hausbankprinzip. Das bedeutet, Sie können nicht in Berlin bei der KfW den Antrag stellen, wenn Sie dort nicht gründen, sondern müssen bei Ihrer Bank vorstellig werden. Wenn diese den Antrag positiv befürwortet, erfolgt die Weitergabe beispielsweise an die KfW Bank, die das Ganze dann nochmals nach eigenen Kriterien prüft.

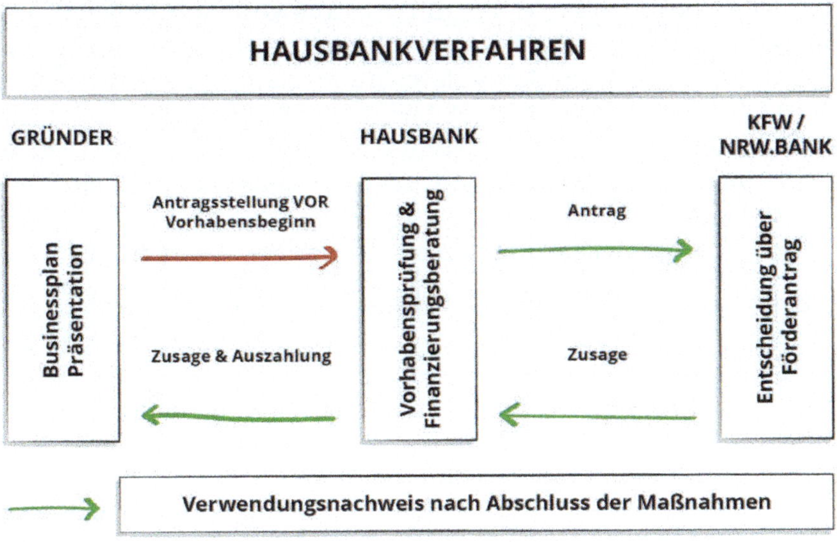

Ich möchte hier auf ein paar gängige überregionale Förderungen eingehen, die am häufigsten vorkommen:

KFW-Gründerkredite

Die Förderprogramme des Bundes werden durch die KfW Bankengruppe angeboten. Die wichtigsten Programme für Gründerinnen und Gründer sind der ERP-Gründerkredit – StartGeld und der ERP-Gründerkredit – universell. Diese Förderkredite der KfW Bankengruppe werden mit günstigen Konditionen und Bedingungen nach dem Hausbankprinzip für unterschiedliche Situationen vergeben, z. B. für die Anschaffung von Anlagen, Gebäuden, Fahrzeugen, Betriebs- und Geschäftsausstattung sowie Betriebsmittelkosten. Weitere Informationen erhalten Sie unter www.KfW.de.

Förderdarlehen der Landesbanken

In nahezu **jedem** Bundesland gibt es weitere Angebote der jeweiligen Landesbank für Existenzgründer und Selbstständige. In NRW ist das beispielsweise die NRW.BANK als Förderbank des Landes Nordrhein-Westfalen. Neben der Vergabe von Darlehen bietet sie vielfältige Finanzierungshilfen für Existenzgründungen und Unternehmenssicherung, z. B. durch Haftungsfreistellungen, Nachrangdarlehen, Beteiligungskapital und Investitionszuschüsse. Häufig genutzt werden z.B. der NRW.BANK. Gründungskredit und der NRW.BANK. Mittelstandskredit. Weitere Infos: nrwbank.de

Bürgschaft – Fördermittel trotz fehlender Sicherheiten

Nicht ganz ungewöhnlich ist folgende Situation: Sie wollen eine Erfolg versprechende Geschäftsidee verwirklichen, doch die Hausbank gibt kein grünes Licht – zu wenig Eigenkapital oder Sicherheiten. Das muss nicht das Ende des Vorhabens bedeuten! Denn Bürgschaften können fehlende Sicherheiten ersetzen. Bürgschaftsbanken übernehmen damit das Risiko, das die Hausbanken nicht alleine schultern wollen. Wenn nicht ausreichend Sicherheiten für den Hausbankkredit oder das Darlehen von der Förderbank bestehen, können Bürgschaften von Bürgschaftsbanken für die Finanzierung beantragt werden. Eine weitere Möglichkeit ist die Bürgschaft ohne zwischengeschaltete Bank, die somit direkt von den Bürgschaftsbanken angeboten wird.

Jedes Bundesland eigene Bürgschaftsbank, in NRW ist das die Bürgschaftsbank NRW. Sie ermöglicht mittelständischen Unternehmern und Freiberuflern kreditfinanzierte Investitionen, indem sie für 80 % des Darlehensbetrages (maximal 1,25 Mio. Euro) eine sogenannte Ausfallbürgschaft gewährt. Normalerweise wird eine Ausfallbürgschaft über die Hausbank beantragt, mit der die Unternehmerin bzw. der Unternehmer seine Investitionsfinanzierung verhandelt. Allerdings kann eine Bürgschaft bis zu 200.000 Euro auch direkt – ohne Einschaltung der Hausbank – bei der Bürgschaftsbank nachgefragt werden (Bürgschaft ohne Bank). Der Vorteil: Mit einer Bürgschaftszusage in der Tasche kann der Unternehmer seiner Hausbank schon zu Beginn der Verhandlungen eine handfeste Sicherheit präsentieren. Weitere Informationen gibt es unter www.bb-nrw.de.

Mikrokredit

Der Mikrokreditfonds Deutschland wurde 2009 von der Bundesregierung für sogenannte kleinere Gründungen ins Leben gerufen. Mikrokredite eignen sich für Finanzierungen mit einem geringen Finanzierungsvolumen und einer kurzen bis mittelfristigen Laufzeit. Mikrokredite werden bis 25.000 Euro meist von Mikrofinanzinstituten vergeben. Dabei werden die Mikrokredite aus dem Mikrokreditfonds Deutschland nicht über klassische Banken vergeben, sondern über sogenannte Mikrofinanzinstitute. Mikrofinanzinstitute gibt es eine Vielzahl quer durch Deutschland verteilt. Die Hürden für eine Bewilligung sind etwas geringer als bei anderen Förderkrediten, was sich in leicht schlechteren Konditionen niederschlägt. Auch die Rückzahlung ist auf max. 6 Jahre begrenzt. Daher empfehle ich diese Art der Finanzierung nur, wenn ein anderer Förderkredit ausscheidet.

Mikromezzaninfonds Deutschland

Mikromezzaninfinanzierung, ein kompliziert klingendes Wort, das aber in der Sache sehr hilfreich sein kann. Diese Art der Finanzierung soll die Eigenkapitalbasis stärken bzw. fehlendes ersetzen.

Im rechtlichen Sinne ist es eine Mischform aus Eigen- und Fremdkapital, da Sie Fremdkapital beantragen und es dann aber wiederrum bei einer Finanzierung als Eigenkapital von Ihnen akzeptiert wird. Der Begriff „Mezzanin" leitet sich von dem italienischen Wort „mezzo" für „halb" ab und führt auf die Kombination beider Kapitalarten zurück. Mit dem Mikromezzaninfonds, der aus Mitteln des ERP-Sondervermögens und des Europäischen Sozialfonds (ESF) refinanziert ist, wird die Kapitalkraft von Klein- und Kleinstunternehmen gestärkt. Als Existenzgründer können hier bis zu 50 TEUR mit einer Laufzeit bis zu 10 Jahren beantragt werden. Durch das zugeführte Kapital kann die Kreditwürdigkeit eines Unternehmens verbessert und neuer Finanzierungsspielraum für eine Unternehmung geschaffen werden. Gefördert werden sämtliche Investitionen in die Errichtung eines neuen oder die Fortführung eines bestehenden Unternehmens, für die langfristige Finanzierungsmittel erforderlich sind. Sicherheiten sind keine zu stellen. Spezielle Zielgruppen sind Unternehmen, die ausbilden, die aus der Arbeitslosigkeit gegründet werden oder von Frauen oder Menschen mit Migrationshintergrund geführt werden. Die Antragstellung erfolgt über die Mittelständische Beteiligungsgesellschaft in dem Bundesland, in dem die Investition erfolgen soll.

Eine andere Art der Finanzierung: Crowdfunding

Das Prinzip hinter der zu Deutsch als „Massenfinanzierung" oder „Schwarmfinanzierung" bezeichneten Finanzierungsart ist schnell erklärt: Startups, Mittelständler oder Gründer präsentieren ihre Geschäftsidee, ihr Projekt oder ihr Produkt auf einer Onlineplattform. Jede Privatperson hat dann die Möglichkeit, einen selbst festgelegten Betrag zu spenden bzw. zu investieren. Im Unterschied zum Crowdfunding zielt Crowdinvesting auf eine finanzielle Beteiligung ab, d. h. dass Investoren in diesem Fall am späteren Gewinn beteiligt werden. Eine dritte Option, das Crowdlending, kann man sich als Online-Kreditplattform vorstellen, auf der Privatpersonen Existenzgründern Kleinkredite zu einem festgelegten Zinssatz bereitstelen. Aber: Nicht jede Geschäftsidee ist dazu geeignet, vor Marktreife der Öffentlichkeit verraten zu werden bzw.

es muss einem dann das Risiko bewusst sein, dass die Idee abgekupfert wird oder ein anderer Gründer einfach schneller ist.

Verwandten-Darlehen

Es liegt vielleicht für einige nahe, benötigtes Kapital aus dem privaten Umfeld zu leihen, da es als der einfachste Weg erscheint. Davon kann ich aus verschiedenen Gründen allerdings nur abraten. Wenn Sie sich selbstständig machen, haben Sie selbst schon mit sich genug Druck, Sie brauchen dann keinen, der zwischendurch aus Sorge ums eigene Geld fragt: Na – wie läuft es denn? Stellen Sie sich das bildlich vor, z. B. wenn Sie Ihrer Tante, die Ihnen von ihrem Sparbuch das Geld geliehen hat, erklären dürfen, dass Ihre Marketingstrategie über Social Media oder Influencer erst anlaufen muss. Was machen Sie, wenn die Person, von der Sie das Geld geliehen haben, unerwartet plötzlich das Geld früher zurückbenötigt, weil etwas eigenes Unvorhersehbares passiert ist? In dem Fall mal eben Kapital von der Bank zu bekommen – herzlichen Glückwunsch zu dieser Druck erhöhenden Situation! Wenn Sie dennoch meinen, diesen Weg gehen zu wollen, dann bitte nur ganz klar mit Vertrag und wenn Sie damit leben können, dass der andere nervös werden könnte. Was ich damit sagen will: Wenn schon selbstständig, dann bitte auch von Anfang an richtig!

Aktuelles

Dieses Kapitel und die darin enthaltenen Infos sind Stand 2022. Es gibt in diesem Bereich immer etwas Bewegung, auch wenn es nur Nuancen sind – daher unser Tipp: der Fördermittel-Check über die zuverlässige Webseite www.foederdatenbank.de. Unter der „Schnellsuche“ können Sie hier die unterschiedlichsten Kriterien eingeben, die für Ihre Suche relevant sind, wie etwa Existenzgründung & -festigung als Förderbereich und Zuschuss als Förderart.

K 15 AB WANN HABE ICH ES EIGENTLICH „GESCHAFFT"?

Ich erwähnte es bereits ganz am Anfang: Es macht keinen Sinn, sich zu sagen „Ich probiere es ein Jahr und dann sehen wir mal, ob es sich lohnt, weiterzumachen". Sie sollten mindestens drei Jahre „durchhalten", sich immer wieder neu erfinden und mit den Erfahrungen, die Sie sammeln, Ihr Angebot, Marketing und Ihre Kommunikation an die Anforderungen und Bedingungen flexibel anpassen. Erst nach fünf Jahren sind Sie kein Existenzgründer mehr, sondern gelten als Unternehmer.
Geschafft haben Sie es auch meiner Sicht schon dann, wenn Sie ins Tun kommen und Ihre Ideen, Ihren Lebenstraum oder Ihr Hobby zum Beruf machen und die eigene Selbstständigkeit starten. Keiner kommt zu Ihnen und sagt: Sie haben es geschafft, wenn Sie 100 TEUR Gewinn erwirtschaftet haben. Und überhaupt – macht es Sie dann wirklich glücklicher, als Sie es jetzt schon sind?

> ***„Wege enstehen dadurch, dass man sie geht." Franz Kafka***

Aus meiner Erfahrung nach zahlreichen Gründungsberatungen kann ich sagen, auch wenn in den ersten Jahren das Geld nicht in Strömen fließt und manchmal noch nicht einmal ausreicht, um das Nötigste bzw. die Ausgaben zu decken, keiner, wirklich keiner bereut es, diesen Schritt gewagt zu haben. Selbstbestimmt leben und arbeiten ist ein unbezahlbares Gut geworden und kein Tag im Leben kommt zurück, egal wie alt Sie sind.

Der Reihenfolge nach sind die wichtigsten Faktoren für das Gefühl, es geschafft zu haben:

- Selbstverwirklichung

- Zeitliche Flexibilität
- Vereinbarkeit mit Familie
- Finanzielle Aspekte

Eine Selbstständigkeit bedeutet für viele Menschen zunächst finanzielle und auch familiäre (Freizeit-)Einschränkungen. Das hohe Maß der Selbstbestimmung macht dieses jedoch wieder wett und führt unterm Strich zu einer außerordentlich hohen Zufriedenheit der Selbstständigen. Was hat es mich früher immer gestört, schon genau ein Jahr vorher zu entscheiden und abzustimmen, wann ich in den Urlaub gehen darf. Das muss ich heute natürlich auch planen, dennoch kann ich zeitlich viel kurzfristiger entscheiden und auch mal spontan sein.

Ganz ehrlich: Was haben Sie zu verlieren? Und was wäre, wenn ... wenn es großartig wird? Was, wenn etwas schiefgeht? Betrachten Sie Hindernisse einfach wie eine Abfuhr, die Sie vielleicht einmal als Teenie einkassiert haben. Rückblickend haben Sie es trotz kurzzeitiger Leidenszeit ganz gut überlebt.

K 16 DIE ANGST VORM SCHEITERN

In Deutschland haben mehr Menschen Angst vor dem Scheitern als in anderen Ländern. Warum ist das so? Weil uns die Meinung anderer wichtig erscheint und wir Angst haben, dass man mit dem Finger auf uns „Versager" zeigt. Dank der wachsenden Gründerszene in Deutschland und der stärker werdenden Aufklärung zum Thema nehmen die Berührungsängste mit der Selbstständigkeit allerdings stetig ab, sodass immer mehr Deutsche „ins kalte Wasser" springen und den Mut haben, beruflich selbstständig durchzustarten. Persönliche Anmerkung: Bei meiner Gründung 2009 gehörte ich noch zu den Exoten – heute kann ich (nicht ganz ohne Stolz) sagen, dass ich zu den Vorreitern von damals gehöre.

Wie bekommen Sie die Ängste in den Griff?

Sie haben sicher, wie so fast alle Gründer – man kann es wirklich fast als eine Art „Volkskrankheit" bezeichnen – ganz konkrete Sorgen und Zweifel, die Sie vielleicht noch davon abhalten, Ihre Pläne zur Selbstständigkeit wirklich in die Tat umzusetzen. Tipp: Nehmen Sie ein Blatt Papier und notieren Sie alles, was Ihnen einfällt und gegen eine Selbstständigkeit spricht, listen Sie wirklich alle Ängste und Hindernisse ehrlich auf. Versuchen Sie dabei, alle Punkte möglichst ohne eine Bewertung zu betrachten. Dann nehmen Sie ein weiteres Blatt Papier und notieren alle Beweggründe, die Sie dazu veranlasst haben, über eine Gründung nachzudenken. Visualisieren Sie so Ihre Gedanken, vermutlich werden beide Listen ähnlich lang.

Wenn es Tage mit großen Selbstzweifeln gibt, holen Sie sich diese Liste hervor und stärken Sie sich selbst mit den positiven Gedanken, die Sie vermutlich schon sehr lange Zeit vor dem Start gehabt haben. Erstellen Sie im weiteren Verlauf der Gründung eine dritte Liste mit den Dingen, die Sie schon erreicht oder geschafft haben, um sich zusätzlich zu motivieren, nicht aufzugeben. Sie werden überrascht sein, wie weit Sie schon gekommen sind, ohne zu scheitern.

Risikomanagement – Gefahr erkannt, Gefahr gebannt

Ignorieren Sie Ihre Sorgen und Nöte bitte nicht nach der Vogel-Strauß-Methode. Lassen Sie sich aber auch nicht von dunklen Wolken am Himmel erdrücken. Versuchen Sie stattdessen, sich in die Position eines neutralen Dritten hineinzuversetzen und überlegen Sie dann ganz objektiv, wie Sie die Befürchtungen verhindern oder im Vorfeld minimieren können. Beispiel 1: Sie haben Sorge, dass die Familie und der Partner zu kurz kommen, gerade dann, wenn Sie deren Unterstützung besonders benötigen. Lösung: Beziehen Sie alle Beteiligten von Anfang an mit ein, besprechen Sie gemeinsam Wege und vereinbaren Sie „Deals", wie ein Konflikt angegangen werden kann. Vorsicht: Versprechen Sie nicht zu viel, was Sie später nicht halten können und sorgen Sie eher dafür, dass temporäre Einschränkungen mitgetragen werden können.

Beispiel 2: Bedrückt Sie die Sorge, dass Sie den Überblick über die neue Welt der Finanzen als Unternehmer verlieren? Lösung: Eröffnen Sie von Anfang an, zusätzlich zu Ihrem Geschäftskonto, ein weiteres Konto für Rücklagen, etwa für das Finanzamt, Versicherung oder Altersvorsorge. Für das Finanzamt können Sie grob gerechnet knapp die Hälfte beiseitelegen – dann sind Sie auf jeden Fall auf der sicheren Seite. Oder aber Sie holen sich von Anfang an einen Gründungsberater bzw. einen Coach mit ins Boot, der Ihnen bei den Hürden des Starts stützend zur Seite steht. Sicher hilft Ihnen auch mein Buch dabei, Sorgen und Ängste zu verringern, indem Sie sich gut vorbereiten und sich mit Ihren ganz persönlichen Themen rational auseinandersetzen, sodass kein Damoklesschwert über Ihnen schwebt. Und wenn Sie wider Erwarten tatsächlich scheitern sollten oder feststellen, Selbstständigkeit ist nichts für mich: Das ist kein Weltuntergang, sie dreht sich trotzdem weiter. Zudem haben Sie vielen anderen Menschen eines voraus: Sie hatten den Mut, es zu wagen und haben viele Erfahrungen dabei gesammelt – gute und schlechte. Jede davon wird Sie weiterbringen.

Wichtig: Risiken sollen und dürfen auch im Businessplan benannt werden. Gerade dann, wenn dieser für die Bank konzipiert wird. Natürlich sollten Sie die Risiken mit realistischen Lösungen versehen. So sieht die Bank, dass Sie vorbereitet sind und nicht blauäugig an die Sache herangehen. Das Auseinandersetzen mit Sorgen und Risiken ist keine Schwäche, sondern zeugt eher von Weitblick und einer gut durchdachten Planung. Zeigen Sie dadurch, dass Sie sich gründlich vorbereitet haben und schon jetzt eine Unternehmerpersönlichkeit sind!

Lassen Sie nicht zu, dass Menschen, die ihre Träume aufgegeben haben, Ihnen Ihre Träume ausreden.

K 17 KEINE ANGST VOR DEM INTERNET

Die Zukunft liegt online, digital und in den Social Media Netzwerken. Wer auf der Erfolgsseite dabei sein will, muss sich diese Themen und Netzwerke zur Heimat machen. Das klingt im ersten Moment hart – ist aber kein Hexenwerk und tatsächlich enorm wichtig. Sie schauen ja vermutlich auch zunächst im Internet etc. nach, wenn Sie etwas suchen oder recherchieren. Machen Sie sich, falls das alles noch relatives Neuland für Sie ist, Schritt für Schritt damit vertraut und fangen Sie im Kleinen an zu üben, bevor Sie geschäftlich mit einer Website o. Ä. live und online gehen.

Wenn Sie sich nicht sicher sind oder zu lange für die Themen benötigen, lernen Sie es einmal richtig oder holen Sie sich externe Hilfe von Menschen, die nichts anderes tun und Experten auf diesem Gebiet sind. Es bleibt in jedem Fall Ihnen überlassen, was Sie dann tatsächlich veröffentlichen oder posten und wie weit Sie Ihre Privatsphäre geschützt haben möchten. Ab einem gewissen Grad sind Sie als Selbstständiger sowieso mehr öffentlich als vorher. Früher gab es unter meinem Namen bei Google nichts zu finden außer der Miss Germany 1988, die aber aus Duisburg und nicht Düsseldorf kommt. Heute ist das zum Glück anders und mir „gehören" sozusagen die ersten Seiten bei Google. Falls Sie nicht mitmischen bei Facebook & Co. könnten manche Menschen auch denken: Was hat der zu verbergen oder hat der nichts Gutes anzubieten?

Mit einem Augenzwinkern sei gesagt:

Es gibt sicherlich auch Gründe für einige Unternehmen, die gegen den Einsatz von Social Media sprechen, beispielsweise:

- Das Unternehmen braucht keine Öffentlichkeit.
- Das Unternehmen hat etwas Schreckliches zu verbergen.
- Das Unternehmen hat Angst vor seiner Kundschaft.

- Die Zielgruppe des Unternehmens ist ausschließlich jünger als 10 oder älter als 100 Jahre.
- Das Unternehmen hat zu viele Kunden.
- Das Unternehmen ist in Konkurs gegangen.

(Frei nach Patricia Skinner)

Sie sehen, es gibt keine sinnvolle „Ausrede", sich diesem wertvollen Medium und seinen umsatzfördernden Möglichkeiten zu verschließen. Sie sind letztendlich für alles verantwortlich, haben die Zügel in der Hand und können die vielen Chancen, die sich dort bieten, nach Belieben nutzen. Es kann nichts Schlimmes passieren – fangen Sie einfach an, lernen Sie immer dazu und freuen Sie sich über Ihre neugewonnenen Fähigkeiten und Möglichkeiten.

K 18 ERFOLGSBEISPIELE

Am besten lernt man als angehender Existenzgründer immer noch von denjenigen, die diesen Schritt bereits gewagt haben und schon einige Zeit als Unternehmer tätig sind. In meiner Laufbahn als Gründungsberaterin durfte ich viele solcher erfolgreichen Gründungen begleiten und tolle Persönlichkeiten kennenlernen. Fünf von ihnen möchte ich in diesem Kapitel vorstellen. Ich habe ihnen einige Fragen gestellt, z. B. was zu Beginn der Gründung wichtig war, was gut gelaufen ist oder wo es Ängste bzw. Hindernisse gab. Auch wollte ich wissen, wann sie das Gefühl hatten, es geschafft zu haben. Natürlich habe ich sie auch nach Tipps gefragt, die ich gerne an Sie weitergebe.

Um Ihnen zu zeigen, dass jede Gründung zwar sehr unterschiedlich verlaufen kann, es aber doch auch viele Gemeinsamkeiten gibt, habe ich ganz bewusst sehr unterschiedliche Branchen und Unternehmerpersönlichkeiten ausgewählt. Ich freue mich sehr, Ihnen folgende ehemalige Gründer und jetzt erfolgreiche Unternehmer auf den folgenden Seiten vorstellen zu dürfen:

- Barbara Woydtke aus Düsseldorf – Business Coach, Trainerin, Beraterin und Gründerin von „Wachstumsfreude“,
- Ulrike Adelt aus Neuss, Gründerin von „Ulrike Adelt Systemisches Lerncoaching & Training“
- Silke Wommelsdorf vom Wuppertaler Hundesalon „Wau-Style“,
- Peter Kaiser vom Pflegedienst moVida in Düsseldorf und
- Elke Kuske, Psychologin, Coach und Gründerin von „Zeit für Wandel“ aus Neuss

WACHSTUMSFREUDE
Bewusste Führung • Achtsamkeit • Neurowissenschaft

Barbara Woydtke aus Düsseldorf – Business Coach, Trainerin, Beraterin und Gründerin von „Wachstumsfreude“

Barbara Woydtke lebt mit ihrem Mann in Düsseldorf und an der Bevertalsperre im Bergischen Land. Die Diplom-Volkswirtin ist eine erfahrene Chance Managerin, Führungskräfte- und Teamentwicklerin, zertifizierte Trainerin für Bewusste (Selbst-)Führung, Systemischer Business Coach, Lehrerin für Mindfulness Based Stress Reduction und hat eine Ausbildung im Bereich Next Level Leadership absolviert. Mit ihrem Unternehmen Wachstumsfreude unterstützt sie Unternehmen dabei, eine Kultur des Vertrauens, der Freude und Zuversicht zu entwickeln, um damit ein Umfeld zu schaffen, in dem Mitarbeiter gerne arbeiten und ihre Stärken voll zur Entfaltung bringen. Erkenntnisse aus der Neurowissenschaft sowie der bewussten, achtsamen Führung sind dabei die Basis ihrer Interventionen.

Wie kam es zur Gründung des eigenen Unternehmens?

„Nach über 15 Jahren als Führungskraft internationaler Teams in einem DAX 30-Unternehmen führte ein Kulturwandel innerhalb des Unternehmens zu der Frage: Was bedeutet Führung eigentlich? Wie möchten wir in Zukunft führen und was ist nötig, damit Unternehmen mit Freude wachsen können? Als Bereichsleiterin nahm ich an einem Programm teil, das systemisches Denken, Aspekte der Achtsamkeit, die Neurowissenschaft und Resilienz zum Inhalt hatte. Es ging um die Kultivierung eines ruhigen Geistes – und ich nahm auf einmal sehr bewusst wahr, was in meinem Kopf alles los war und unbewusst meine Reaktionen und Entscheidungen (auch negativ) beeinflusste. Es ging um die Sicht auf das vernetzte Ganze und ich war erstaunt, welche Sichtweisen außer der meinen auch hilfreich waren, wenn ich nur offen genug war. Es ging um Resilienz und ich begriff, dass 12 Stunden arbeiten am Tag nicht immer und für alles die Lösung sind. Ich habe zum ersten

Mal so richtig darüber nachgedacht, wie meine eigene Denkweise meine Führungsqualität beeinflusst und dass gute Führung mehr ist als ‚den Laden im Griff zu haben'. Nach und nach reiften dann die Idee, meine Erkenntnisse, mein Wissen und mein Interesse an dem Thema in einem eigenen Unternehmen umzusetzen."

Was hat am Anfang geholfen, was hat gut geklappt?

„Ganz wichtig war für mich das Schreiben meines Businessplans, bei dem mich Frau Schulz sehr unterstützt hat. Dadurch konnte ich meine Gedanken strukturieren, Produkte entwickeln und gleichzeitig sind mir beim Schreiben viele tolle neue Ideen gekommen. Durch das große Netzwerk, das ich mir schon vorher aufgebaut hatte, konnte ich glücklicherweise aufgrund von Empfehlungen direkt mit den ersten Aufträgen starten. Das hat mir Sicherheit gegeben und viel Druck genommen. Besonders hilfreich ist für mich die Zusammenarbeit mit Partnern. Damit bin ich auch in der Selbstständigkeit nicht alleine, sondern empfange und gebe gute Impulse, die uns gemeinsam wachsen lassen."

Was sind Ihre Pläne für die Zukunft?

„Ich möchte auf jeden Fall mein Marketingsystem optimieren und meine Kundenbasis erweitern. Auf Produktebene entwickele ich derzeit einen Online-Baukasten für Führungskräfte, den ich auch auf die Teamentwicklung erweitern werde. Damit ermögliche ich meinen Kunden, sich trotz Corona effizient weiterzuentwickeln. Gemeinsam mit meiner Geschäftspartnerin Eva Hinnenberg entwickele ich derzeit ein spezielles Angebot für junge weibliche Führungskräfte, dass Ihnen nicht nur Werkzeuge zeigt, sondern auch das Vertrauen in ihre eigenen Führungsfähigkeiten nachhaltig stärkt. Das Thema liegt uns beiden sehr am Herzen. Und natürlich baue ich den Bereich Mindful Leadership weiter aus und setze hier ganz besonders auf neueste Studien und wissenschaftliche Erkenntnisse."

Welche Tipps können Sie angehenden Gründerinnen und Gründern geben?

„Essenziell sind aus meiner Sicht ein guter (Business-)plan, ein realistisches Ziel und Freude an dem, was man tut. Man sollte sich auch nicht auf seine ersten Gedanken und Ideen versteifen, sondern offen bleiben für Neues. Der Weg zur Selbstständigkeit ist nach meiner Erfahrung keine Gerade, sondern verläuft auch über Umwege, die durch Zufälle entstehen. Durch diese Umwege kommt man letztendlich zu dem, was funktioniert und was einem das Gefühl gibt: Genau das ist es!

Wichtig ist auch eine gute finanzielle Basis zu Beginn, sei es durch Eigenkapital, eine externe Finanzierung oder Förderungen. Hier kann Frau Schulz umfassend beraten. Ohne diese Basis ist eine Selbstständigkeit sehr nervenzehrend (was sie ohnehin sein kann) und auf diesen zusätzlichen Druck kann man verzichten, wenn man mit einem gewissen Polster startet.

Auch wenn es sicher am Anfang schwer ist, geregelte Arbeitszeiten einzuhalten und die Wochenenden zum Abschalten zu nutzen, ist gerade das sehr wichtig. Daran sollte man auf jeden Fall arbeiten, denn die Ruhezeiten sind sehr wichtig für die eigene Motivation und Leistungsfähigkeit. Zu Beginn ist es also absolut in Ordnung, Überstunden zu machen und auch am Wochenende zu arbeiten, nach und nach sollte man aber versuchen, das abzulegen. Zeit mit der Familie und für die eigenen Hobbies sollte kein Luxus sein, sondern Normalität. Nur dann kann man die gesetzten Ziele erreichen und vor allem den Spaß an seinem Beruf behalten. Und ohne Freude wird man auf Dauer weder glücklich noch erfolgreich sein."

Website: www.wachstumsfreude.de

Ulrike Adelt
Systemisches Lerncoaching & Training

Ulrike Adelt aus Neuss, Gründerin von „Ulrike Adelt Systemisches Lerncoaching & Training"

Ulrike Adelt stammt aus dem Rhein-Kreis Neuss, in dem sie jetzt auch mit ihrem Lebensgefährten wohnt. Mit dem Abschluss ihrer Ausbildung zur Bankkauffrau 2001 hat sie gleichzeitig die Fachhochschulreife erworben, um nach ihrer 3 ½-jährigen Tätigkeit im Bankensektor 2004 ein Vollzeitstudium im Fachbereich Wirtschaft, Schwerpunkt Handel und Personal, zu beginnen. Das Studium hat sie 2010 erfolgreich als Bachelor of Arts (B.A.) der Westfälischen Hochschule Gelsenkirchen abgeschlossen.

Nach ihrem Abschluss hat sie in unterschiedlichen Branchen und Positionen gearbeitet, an Führungskräfteentwicklungsprogrammen teilgenommen, Sozialkonzepte erstellt, eine externe Ausbildung zur systemischen Moderatorin sowie parallel zu ihrer beruflichen Tätigkeit eine Ausbildung zur Trainerin absolviert.

Wie ist die Idee vom eigenen Unternehmen im Bereich Lerncoaching entstanden?

„Lernen hat mich immer schon fasziniert und anderen zu zeigen, wie leicht Lernen sein kann, ist einfach großartig. In meiner gesamten beruflichen Laufbahn habe ich festgestellt, dass es mir gut gelingt, Menschen, egal welcher Herkunft, auch komplexe Themen, wie z. B. gesetzliche Vorschriften, verständlich beizubringen. Hierbei kommt mir meine Erfahrung in den unterschiedlichen Positionen sehr entgegen. Meine kontinuierlichen Aus- und Weiterbildungen, u. a. als eTrainerin, Business- und Lerncoach, bilden die perfekte Grundlage für meine jetzige Selbstständigkeit. Als Lerncoach und Trainerin habe ich all das, was ich liebe und wofür ich brenne, zu meinem Beruf gemacht. Ich kann jeden Tag meiner

Berufung nachgehen, wodurch es sich überhaupt nicht nach Arbeit anfühlt."

Was hat am Anfang der Selbstständigkeit besonders geholfen?

„Ich bin durch Zufall auf Frau Schulz gestoßen, nachdem ich längere Zeit nach einer passenden Existenzgründungsberatung gesucht habe. Mir war anfangs noch nicht 100 %ig klar, dass ich mich selbstständig machen möchte. Der Entschluss ist nach meiner Teilnahme an Frau Schulz' Existenzgründungsseminar gefallen und die letztendliche Klarheit, in welche Richtung es geht, kam mit dem Schreiben meines Businessplans. Anfangs strömen viele Informationen auf einen ein und es fällt einiges an Bürokratie an – dabei wollte ich eigentlich nichts anderes, als direkt loslegen. Frau Schulz hat mich immer wieder ermutigt, das Ganze Schritt für Schritt anzugehen und hat damit den Gründungs-Dschungel spürbar durchschaubarer gemacht. Das tolle an ihrer Gründungsberatung ist, dass sie quasi mitgründet. Sie hat immer an mich und meine Idee geglaubt und mir auch viele wertvolle Tipps gegeben, z. B. dass ich von Beginn an meinem Netzwerk arbeiten und auch mal nach rechts und links schauen soll, also nicht mit starren Scheuklappen in die Selbstständigkeit starte."

Wie sehen Ihre Pläne für die Zukunft aus?

„Ich möchte auf jeden Fall mein Selbstmarketing noch optimieren, besonderes Augenmerk liegt dabei auf der Vermarktung meiner Onlinekurse. Nicht nur jetzt in Zeiten der Pandemie, sondern generell werden Onlineangebote immer mehr gefragt sein – jetzt müssen die Menschen nur noch erfahren, dass es ein solches Angebot bei mir gibt. Das Thema Lernen wird immer wichtig sein, sei es für Schüler, Studenten oder auch für Unternehmen und deren Mitarbeiter. Auch in dem Bereich strebe ich noch mehr Kooperationen an. Sehr gerne möchte ich auch eigene Lernmaterialien entwickeln und eine Ausbildung für Lerncoaches konzipieren, denn ich habe mittlerweile viel Wissen gesammelt und Methoden entwickelt, die hervorragend funktionieren. Das möchte ich gerne weitergeben an andere Coaches und diese auch selbst ausbilden.

Außerdem arbeite ich auch noch an einem Podcast für Kinder, ich habe also viel vor!"

Welche Tipps haben Sie für angehende Gründerinnen und Gründer?

„Ganz wichtig: durchhalten! Manchmal hat man in der Anfangsphase das Gefühl, dass alles zu viel ist und man es unmöglich schaffen kann. In dem Fall sollte man kleine Schritte gehen und sich Zwischenziele setzen. Denn dann kann man viele kleine Erfolge feiern und das steigert die Motivation, an seine Idee zu glauben und dranzubleiben. Es ist auch sehr hilfreich, sich Hilfe zu holen und keine Angst davor zu haben, auch mal vermeintlich doofe Fragen zu stellen. Denn doofe Fragen gibt es wirklich nicht bei einer Gründung. Wenn sie einem unter den Nägeln brennen, sind sie auch wichtig. Man darf sich nicht abschrecken lassen, weder von kleinen Rückschritten (die gehören einfach dazu), noch von vielleicht kritischen oder negativen Stimmen aus dem Umfeld. Wenn man sich mit positiven Menschen umgibt, die einen unterstützen, fördert das das Selbstbewusstsein und gibt immer wieder den nötigen Push, wenn man einmal zweifelt. Man sollte sein Ziel vor Augen haben und sich immer wieder mal klarmachen, warum man diesen Weg eingeschlagen hat. Es werden immer wieder auch positive Erlebnisse kommen, die einen enorm bestärken. Wenn man zu früh aufgibt, wird man diese tollen Momente aber nie erleben. Also niemals unterkriegen lassen, Hilfe holen und an sich selbst und das eigene Unternehmen glauben."

Website: www.ulrike-adelt.de

wau-style
Der Hundesalon

Silke Wommelsdorf – die Groomerin für Vierbeiner mit „Wau-Style“

Groomer bzw. Hundefrisöre bieten oftmals viel mehr an als reine Fellpflege, schneiden, waschen, föhnen oder Krallen schneiden. In einem Hundesalon finden Kunden heutzutage ein großes Angebot verschiedenster Pflegeprodukte und oft auch Zubehör wie Leinen, Halsbänder und natürlich immer einen guten Rat rund um das geliebte Haustier. Man muss sich mit den verschiedenen Felltypen und Rassen auskennen und ein Händchen im Umgang mit seinen (vierbeinigen) Kunden haben. Silke Wommelsdorf aus Wuppertal hat sich 2015 den Traum vom eigenen Salon erfüllt und diesen Schritt bis heute nicht bereut. Im Gegenteil – sie ist sehr erfolgreich und liebt, was sie tut: „Das ist ganz wichtig, denn nur wenn man wirklich mit Begeisterung und Leidenschaft bei der Sache ist, kann eine Existenzgründung erfolgreich sein. Denn bei aller Freiheit und Flexibilität muss man auch, gerade zu Beginn, auf einige Dinge verzichten. Zum Beispiel Freizeit. Ich war über 30 Jahre als Groß- und Außenhandelskauffrau beschäftigt und kannte daher feste Arbeitszeiten mit klar festgelegter Freizeit. Irgendwann habe ich dann für ein halbes Jahr ein Praktikum bei einer bekannten Hundefrisörin in Ratingen gemacht und bin danach quasi direkt in die Selbstständigkeit gestartet, natürlich nach ausreichender Planungszeit. Wichtig ist mir von Anfang an gewesen, mich kontinuierlich fortzubilden, z. B. in Luxemburg bei einer der besten Groomerinnen der Welt. Meine Familie musste sich aufgrund der neuen Situation ebenso umstellen wie ich, aber mit der richtigen Organisation haben wir das Thema Zeit mit der Familie und Erledigen von Aufgaben schnell in den Griff bekommen. Ich wusste ja immer, wofür ich das mache. Mir war wichtig: Wenn schon beruflicher Neuanfang, dann sollte es a) das Richtige sein und b) wollte ich es direkt professionell angehen."

Was war gut am Anfang?

Silke Wommelsdorf hat sich von Beginn an professionelle Gründungshilfe geholt und sich beraten lassen, auch einen Steuerberater hat sie direkt in ihre Ausgaben mit eingeplant. Dadurch hatte sie direkt einen guten Start, der durch ein passendes Immobilienangebot zusätzlich begünstigt wurde: „Mein Hundesalon war vorher ein Frisörgeschäft, dadurch waren viele Dinge, die ich benötige, bereits vorhanden. Wasserleitungen, Strom, die Aufteilung – das alles hat einfach gepasst. Dass ich nicht lange nach dem richtigen Ladenlokal suchen musste, hat vieles erleichtert."

Wie wichtig sind Kontakte und der Austausch mit anderen?

Für Silke Wommelsdorf sehr wichtig: „Tauschen Sie sich mit anderen Gründern und Unternehmern aus, so oft es geht. Auch mit Ihrer Konkurrenz, falls das möglich ist. Besuchen Sie Messen, Seminare, Vorträge und knüpfen Sie Kontakte. Werden Sie Mitglied in einem Verband, gehen Sie auf Veranstaltungen, die für Ihre Branche wichtig sind. Bei einer solchen Veranstaltung für eine Hunde-Pflegeserie wurde ich sogar gefragt, ob ich als Botschafterin für die Marke arbeiten möchte. Das hat mich dazu gebracht, Rhetorik-Seminare zu besuchen, um meinen Kundenservice und meine Verkaufsgespräche zu optimieren. Vielleicht tut sich dadurch ein tolles zweites Standbein auf? So kann es Ihnen auch gehen, wenn die Gelegenheit da ist. Die wird aber nur kommen, wenn die Menschen Sie und Ihre Stärken auch kennenlernen können."

Das Gefühl, es geschafft zu haben

„In meiner Branche ist es eine Art Ritterschlag, wenn Besitzer von Showhunden ihre Vierbeiner vor einer Ausstellung zu einem bringen. Es kommt auf quasi jedes Haar an und es gibt feste Vorgaben, wie welche Rasse auszusehen hat. Hunde, die Ausstellungen gewinnen, sind für die Zucht sehr interessant und nicht selten ein kleines Vermögen wert. Da sind die Halter natürlich sehr anspruchsvoll und geben ihren Champion nur in ausgewählte Hände. Bei mir fing es mit einem Show-Kunden an, der von mir gehört hatte und wohl testen wollte, was ich kann. Anscheinend war er sehr zufrieden, denn danach kamen plötzlich immer mehr Anfragen von Haltern, die ihre Hunde für eine Ausstellung frisiert haben wollten. Da wusste ich, dass ich es geschafft habe. Inzwischen ist es so, dass ich 80 % des Jahres bereits im Voraus ausgebucht bin und viele Stammkunden habe, die seit Jahren immer wieder zu mir kommen."

Irgendwelche Tipps für neue Gründer?

Neben dem Rat, auf andere zuzugehen und Kontakte zu knüpfen, ist das Thema Absicherung für Silke Wommelsdorf ein wichtiger Punkt: „Man sollte da nicht am falschen Ende sparen und sich über verschiedene Arten von Versicherungen informieren. Was ist, wenn ich krankheitsbedingt für längere Zeit ausfalle? Ich muss mir ja nur die Hand brechen und kann meine Haupttätigkeit nicht mehr ausüben. Es gibt mir Sicherheit, für solche Fälle vorgesorgt zu haben. Ein dritter Punkt ist eine gute Planung, damit steht und fällt das ganze Vorhaben. Lassen Sie sich kompetent beraten und arbeiten Sie einen guten Businessplan aus. Wenn Sie dann noch offen gegenüber moderner Kommunikation und Werbung sind, etwa auf Social Media, haben Sie die wichtigsten Bereiche abgedeckt."

Update: Frau Wommelsdorf, bei Ihnen hat sich seit der ersten Auflage des Buches einiges getan.

„Das stimmt, 2020 habe ich mit meiner Kollegin Claudia Franke die MIAU&WOOF DOG STYLING SCHOOL GERMANY in Düsseldorf gegründet (www.dog-styling-school.com). Interessierte können sich dort professionell zum Groomer ausbilden lassen, bis heute haben wir bereits 40 Absolventen geschult. Zudem gehöre ich seit Juni 2021 zu den ersten Hundefriseurinnen im deutschsprachigen Raum mit TÜV Rheinland geprüfter Qualifikation. Mittlerweile beschäftige ich in meinem eigenen Salon zwei Mitarbeiterinnen, außerdem ist aktuell noch ein Online-Shop mit meiner Kollegin in Planung. Seit der Gründung sind so viele spannende Möglichkeiten hinzugekommen, das ist wirklich toll. Ich bin gespannt, was die Zukunft noch alles bereithält."

Sie möchten Ihren Vierbeiner professionell pflegen und frisieren lassen? Hier finden Sie alle Infos zum Salon „Wau-Style":

Website: www.wau-style.de

moVida
BETREUUNG & PFLEGE

Peter Kaiser, Gründer von „moVida“, dem ambulanten Pflegedienst mit ganz viel Herz in Düsseldorf

Peter Kaiser und seine aus Spanien stammende Frau Maria Fernandez blicken auf über 35 Jahre Erfahrung in den unterschiedlichsten Bereichen von Pflege und Betreuung zurück und haben sich 2020 mit ihrem ambulanten Pflegedienst moVida (spanisch: Bewegung) einen echten Lebenstraum erfüllt. Für beide war klar: Wir möchten das Thema Pflege anders angehen als andere Pflege- und Betreuungsdienste. Das nehmen sich viele Gründer vor, allerdings bleibt bei vielen der Idealismus häufig schon nach kurzer Zeit auf der Strecke. Warum? Weil der Stress, die ganze Bürokratie, Hürden und Schwierigkeiten in den meisten Fällen alle Kraft rauben, besonders im Pflegesektor.

Was genau haben Peter Kaiser und seine Frau Maria anders gemacht als andere?

„Wir kennen den Pflegesektor seit vielen Jahren und wussten vorher um die vielen bürokratischen und verwaltungstechnischen Aufgaben, die neben der eigentlichen Pflege und Betreuung anfallen. Wir wussten auch, dass wir unser Angebot anders aufstellen und organisieren müssen, wenn wir a) unseren Kunden wirklich mit all ihren Bedürfnissen gerecht werden möchten und b) unsere Mitarbeiter nicht ‚verheizen‘ wollen. Es war uns wichtig, dass beide Seiten ausreichend Zeit haben und unser Team nicht von Kunde zu Kunde hetzen muss.

Das geht nur, weil wir unser Angebot nach Stunden mit dem Leistungsträger abrechnen, was deutlich personalintensiver ist als wenn ein Mitarbeiter auf seinen Touren x Kunden abklappert und wir nach Leistungskomplexen abrechnen. Wir bieten reine Pflegeleistungen an, inklusive Betreuung und hauswirtschaftlicher Unterstützung. Unsere Kunden bestimmen selbst, wie viele Stunden sie unsere Unterstützung benötigen und müssen sich dadurch nur in Ausnahmefällen an neue Bezugspersonen gewöhnen. Im Normalfall kommt immer derselbe Mitarbeiter zur vereinbarten Zeit und macht genau das, was gerade an Hilfe benötigt wird.

Wir haben unser Team zudem so zusammengestellt, dass unsere Mitarbeiter in der Nähe wohnen und damit keine langen Anfahrtszeiten haben. Alle sind mit viel Herz und Leidenschaft dabei, ohne Stress und Termindruck im Nacken. Wir bieten verschiedene Arbeitszeitmodelle an, von Vollzeit über Teilzeit bis hin zu geringfügiger Beschäftigung. So können wir sicherstellen, dass jeder Mitarbeiter seinen Beruf, Familie und Freizeit passend zu seinem Leben organisieren kann. Das merken auch unsere Kunden, die nicht einfach ‚abgefertigt', sondern wirklich optimal betreut werden."

Und was sind die Pläne für die Zukunft?

„Wenn man mit so viel Herzblut ein Unternehmen aufbaut, möchte man es natürlich irgendwann auch an seine Kinder übergeben – Vorausgesetzt, diese möchten das auch und interessieren sich für die Sache. Meine Frau und ich gehen davon aus, noch mindestens 10 Jahre mit voller Kraft das Unternehmen zu leiten und weiter auszubauen. Bis dahin möchten wir unsere Kinder allerdings Stück für Stück mit einbinden und uns freut sehr, dass sie dafür offen sind und Interesse an der Branche zeigen.

Auf kürzere Sicht stehen jedoch erst einmal andere Pläne im Vordergrund, z. B. das Optimieren von Prozessen, neue Schulungen für unser Team zu konzipieren und neue Mitarbeiter gewinnen, neue Kunden gewinnen und unser Angebot auch über die Grenzen Düsseldorfs hinweg auszuweiten."

Welche Tipps können Sie Gründerinnen und Gründern mitgeben?

„Auf jeden Fall ist Durchhaltevermögen ein ganz wichtiger Schlüssel zum Erfolg. Hürden und Schwierigkeiten gibt es immer und wer daran bereits am Anfang verzweifelt, wird es auf Dauer als Selbstständiger sehr schwer haben. Wenn man an seine Idee glaubt, sich bestmöglich vorbereitet, realistisch ist und neben Motivation auch Ehrgeiz und Fleiß mitbringt, wird sein Unternehmen Stück für Stück voranbringen und damit sein Leben bestreiten können.

Das geht meiner Meinung aber nur, wenn man weiß, was man tut. Darum: Schuster, bleib bei deinen Leisten! Wer sich irgendeinem Traum hingibt, der nichts mit den eigenen Stärken und Fähigkeiten zu tun hat, wird früh scheitern. Man sollte schon eine Branche wählen, in der man sich auskennt.

Abschließend sollte auf jeden Fall vor der Gründung ein gewisses finanzielles Polster vorhanden sein, z. B. in Form eines Gründerdarlehens. Das gibt Sicherheit, um in Ruhe arbeiten zu können und jeden notwendigen Schritt ohne Sorgen und dafür sorgfältig zu gehen."

Website: www.movida-pflegedienst.de

Elke Kuske
Zeit für Wandel

Elke Kuske von „Zeit für Wandel", psychologische Beratung und Coaching

Elke Kuske, Diplom Psychologin und Coach, war schon länger während ihrer Angestelltenzeit klar, dass sie zwar im Bereich psychologische Beratung bleiben möchte, jedoch mit eigener Praxis: „Ich war in einer Reha-Klinik angestellt und hatte mit ständig wechselnden Patienten zu tun. Die Patienten hatten während der Reha zwar viel Zeit für Gespräche, waren allerdings immer nur wenige Wochen in der Klinik. Das hat mir nie gereicht, denn viele Themen konnten nicht abgeschlossen werden aufgrund fehlender Zeit. Ich wollte die Möglichkeit haben, meine Klienten langfristig zu unterstützen. Eben so lange, wie sie mich brauchen und nicht nur so lange, wie die Rehamaßnahme genehmigt wurde. Damals hatte ich zudem zwei kleine Kinder und das Pendeln zwischen Job und zuhause war sehr zeitraubend und nicht passend zu meinem Leben. Ich habe zwar zuerst noch einige Bewerbungen geschrieben, aber irgendwie hat keine Stelle so richtig gepasst. Da war der Weg in die Selbstständigkeit irgendwann die logische Konsequenz."

Welche Unsicherheiten gab es zu Anfang?

In Elke Kuskes Familie war niemand vor ihr selbstständig, es gab kein Vorbild, von dem man hätte lernen können: „Ist es wirklich das Richtige für mich? Kann ich mich selbst überhaupt vermarkten? Themen wie Preisgestaltung, Website, Marketing, Finanzen – all das war schon ganz schön herausfordernd. Hinzu kam meine Ungeduld, ich wollte, dass alles viel schneller geht. Aber manche Dinge brauchen eben ihre Zeit, die sollte man sich für die Planung, den Businessplan, Website und das Finden der Zielgruppe aber auch auf jeden Fall nehmen." Die Unsicherheit merkt man Elke Kuske heute nicht mehr an, sie wirkt sehr souverän und scheint den idealen Beruf für sich gefunden zu haben.

Wann hatte sie das Gefühl, es geschafft zu haben?

„Im Grunde kam das Gefühl schon sehr früh, als der erste Klient zur Tür raus ist. Erstens wusste ist, dass es definitiv ein Interesse an meinem Angebot gibt und zweitens, dass ich gut bin in dem, was ich mache. Das war ein sehr wichtiges Gefühl, das viel Sicherheit gegeben hat. Die hat mir auch mein Ehemann gegeben, der immer hinter mir steht und mich sehr unterstützt. Wir sind ein tolles Team und haben unser Leben sehr gut organisiert. Dadurch kann ich z. B. auch Termine am Wochenende anbieten, ein echtes Alleinstellungsmerkmal und Vorteil gegenüber meiner Konkurrenz. Nicht nur für Klienten, sondern besonders für Paare, die zur Paartherapie kommen. In der Woche müssen beide oder einer zumindest oft arbeiten bzw. auf die Kinder aufpassen. Am Wochenende haben viel mehr Klienten die Möglichkeit, zu mir zu kommen. Das hat sich schnell herumgesprochen und hebt meine Praxis von anderen ab. Aber auch meine Person selbst und meine Art im Umgang mit Klienten ist meine Visitenkarte. Das kann ich selbst jeden Tag beeinflussen und somit dafür sorgen, weiterempfohlen zu werden. Gerade in meiner Branche, wo es auf Vertrauen und Seriosität ankommt, ist eine persönliche Weiterempfehlung Gold wert."

Was gibt sie Existenzgründern mit auf den Weg?

„Finden Sie Ihren Wert und beschäftigen Sie sich realistisch mit dem Thema Preisgestaltung. Recherchieren Sie, tauschen Sie sich mit anderen aus und machen Sie eine gute Analyse Ihrer Finanzen. Was muss an Geld reinkommen? Wie viel Zeit investieren Sie? Danach richten sich Ihre Preise. Planen Sie so, dass Sie davon wirklich leben können und fangen Sie gar nicht erst mit ‚Anfängerpreisen' an. Einerseits machen Sie Ihre Leistung damit selbst klein, andererseits ist es so gut wie unmöglich, seinen Kunden eine spätere (deutliche) Preiserhöhung zu erklären. Daher besser vorab gut planen, damit später nicht nachkalkuliert werden muss. Wichtig ist auch eine gute Website, denn darüber finden Sie viele Kunden. Sie sollte einen positiven ersten Eindruck von Ihnen und Ihrem Angebot vermitteln und den Leser einladen, Kontakt mit Ihnen aufzunehmen. Passen Sie Layout und Text an Ihre Zielgruppe an, ohne andere mögliche Kundengruppen auszuschließen. Achten Sie auf Ihre Corporate Identity, um Ihren Kunden ein stimmiges Bild zu zeigen und auch, um selbst einen Leitfaden zu haben."

Wer sich selbst ein Bild von Elke Kuske machen möchte, hier ist „Zeit für Wandel" zu finden:

Website: www.zeitfuerwandel.de

SCHLUSSWORT

Zuerst einmal möchte ich mich bei Ihnen bedanken, dass Sie mein Buch bis zum Ende gelesen haben. Wenn Sie jetzt denken: „Selbstständigkeit ist auf jeden Fall das Richtige für mich, ich will direkt loslegen!", dann freut mich das sehr. Sein eigener Herr zu sein ist nämlich ein großartiges Gefühl und es macht Spaß, den Erfolg zu haben, den man durch seine eigene Leistung erzielt hat.

Es mag Ihnen an der einen oder anderen Stelle so vorgekommen sein, als ob man als Existenzgründer unzählige Punkte beachten und abarbeiten muss. Das stimmt auch, allerdings werden Sie Schritt für Schritt vorgehen – dadurch wird der vermeintlich große Berg in kleine Etappen unterteilt, die sehr gut machbar sind. Sie werden außerdem feststellen, dass die meisten Dinge richtig Freude machen, a) weil Sie etwas geschafft haben und abhaken können und weil Sie sie b) ausschließlich für Ihre eigene Zukunft tun. Genau darum geht es doch in der Selbstständigkeit: eigenverantwortlich handeln können und endlich die eigenen Lorbeeren ernten. Dinge so zu machen, wie man es selbst für richtig hält. Dazu gehört auch die Planung und Vorbereitung Ihrer Selbstständigkeit, mit allen kleinen und großen To-do´s.

Aus jahrelanger Erfahrung mit Existenzgründungen empfehle ich Ihnen, in die Zeit vor der Gründung ausreichend Zeit zu investieren. Alles, was Sie vorab gründlich erledigen, müssen Sie später nicht nachholen. Es gibt keine Abkürzung zur Selbstständigkeit und Versäumnisse aus der Planungszeit kosten Sie später mehr Zeit und vor allem Nerven. Sie werden trotzdem immer auf kleinere Hürden oder Probleme stoßen, das bleibt nicht aus. Und viele Erfahrungen sollten Sie sogar unbedingt selbst machen und eigene Lösungen finden, denn daran wird Ihre Unternehmerpersönlichkeit enorm wachsen. Allerdings können Sie sich einige unnötige Ernüchterungen ersparen, wenn Sie sich an meine Ratschläge und Tipps halten.

Besonderes Augenmerk sollten Sie auf den Businessplan legen, denn hier kommen alle relevanten Bereiche zusammen. Stimmt der Businessplan, ist er vollständig und aussagekräftig, können Sie ihn immer wieder als eine Art roten Faden nutzen. Es macht absolut Sinn, sich mit diesem wichtigen Dokument ausführlich zu beschäftigen.

Dieses Buch soll Ihnen einen Überblick über die einzelnen Schritte geben und wichtige Begriffe erklären. Es kann natürlich keine z. B. juristische Beratung ersetzen. Scheuen Sie sich daher nicht, sich für einen oder mehrere Bereiche professionelle Unterstützung an die Seite zu holen, etwa einen Steuer- oder Existenzgründungsberater. Da ich über ein großes Netzwerk mit vielen Kontakten verfüge, empfehle ich Ihnen gerne einen Berater, der in Ihrer Nähe ist und nach dem gleichen Prinzip wie ich arbeitet.

Auf meiner 1a-STARTUP-Website finden Sie darüber hinaus viele nützliche Downloads von Informationen, auf die ich im Buch hingewiesen habe und die ausschließlich meinen Lesern zur Verfügung stehen.

In meinem Newsletter versorge ich meine Leser zudem regelmäßig mit vielen nützlichen Tipps und Informationen. Melden Sie sich gerne an und freuen Sie sich auf einen interessanten Mix an Themen für Ihr Business.

Eine Bitte habe ich noch am Ende: Wenn Ihnen mein Ratgeber gefallen hat, freue ich mich sehr über eine positive Bewertung bei Amazon – vielen Dank vorab für Ihr „Like“.

Ich drücke Ihnen die Daumen, dass sich Ihr Traum erfüllt!

Ihre Dagmar Schulz

P.S.
Nutzen Sie jetzt den Schwung nach dem Lesen des Buches und laden Sie sich die Arbeitsvorlagen herunter:

www.existenzgruendung45plus.de
Kennwort: 1aZukunft

STICHWORTVERZEICHNIS